U0610617

自然保护地最佳实践指南系列

自然保护地生态修复
基本原则、指导准则和最佳实践

世界自然保护联盟"世界自然保护地委员会生态修复
特别工作组"编制

〔加〕卡伦·金利赛德（Karen Keenleyside） 〔英〕奈杰尔·达德利（Nigel Dudley）
〔加〕斯蒂芬妮·凯恩斯（Stephanie Cairns） 〔加〕卡罗尔·霍尔（Carol Hall）
〔英〕休·斯托尔顿（Sue Stolton） 编

系列编辑：〔澳〕彼得·瓦伦丁（Peter Valentine）

俞炜炜 王 静 马志远 陈光程 范 敏 胡文佳 **译**
陈 彬 杨 彪 **校**

科 学 出 版 社

北 京

图字：01-2017-8533

内 容 简 介

本书聚焦于自然保护地的生态修复，系统梳理和总结了自然保护地生态修复的基本原则、最佳实践、工作流程等主要内容。书中首先阐述了生态修复和自然保护地关键术语的概念，总结了生态修复的基本原则、指导准则和最佳实践的国际经验。在此基础上，提出实施自然保护地生态修复项目的工作流程框架，并详细介绍了12个具体的生态修复案例。

本书可为从事自然保护地、生态保护和修复等领域的管理人员及科技人员提供实用的参考资料与行动指南。

审图号：GS京（2025）0278号

图书在版编目（CIP）数据

自然保护地生态修复：基本原则、指导准则和最佳实践 / (加) 卡伦·金利赛德 (Karen Keenleyside) 等编；俞炜炜等译. -- 北京：科学出版社, 2025. 6. (自然保护地最佳实践指南系列). -- ISBN 978-7-03-082474-5

Ⅰ. S759.9

中国国家版本馆CIP数据核字第2025TA5781号

责任编辑：马　俊　郝晨扬 / 责任校对：胡小洁
责任印制：肖　兴 / 封面设计：无极书装

科 学 出 版 社 出版

北京东黄城根北街16号
邮政编码：100717
http://www.sciencep.com

北京建宏印刷有限公司印刷
科学出版社发行　各地新华书店经销

*

2025年6月第 一 版　开本：720×1000 1/16
2025年6月第一次印刷　印张：12
字数：240 000

定价：180.00元

（如有印装质量问题，我社负责调换）

世界自然保护联盟（IUCN）- 世界自然保护地委员会自然保护地最佳实践指南系列

对世界各国自然保护地的管理者而言，世界自然保护联盟 - 世界自然保护地委员会编写的"自然保护地最佳实践指南"系列图书是最具权威性的参考资料。通过与长期致力于提升实地保护的专业从业者紧密合作，这些指南凝练了世界自然保护联盟丰富多样的实践经验和对策建议。在实际应用中，这些指南帮助提升管理机构和个人的能力，以更加有效、公平、可持续地管理保护地体系，并应对实践中面临的各种挑战。它们还协助各国政府、保护地机构、非政府组织、社会群体和私营企业等合作伙伴履行承诺和实现目标，尤其是《生物多样性公约》中关于保护地的工作计划。

该指南系列图书的完整版可访问：www.iucn.org/pa_guidelines。

查阅相关补充资料可访问：www.cbd.int/protected/tools/。

为保护星球的能力建设贡献力量，可访问：www.protectedplanet.net/。

世界自然保护联盟中关于自然保护地的定义、管理类别和治理类型

IUCN 将自然保护地定义如下。

一个明确界定的地理空间，通过法律或其他有效方式获得认可、得到承诺和进行管理，以期实现对自然及其所拥有的生态系统服务和文化价值的长期保护。

此项定义将自然保护地分为 6 类（第一类有子类），具体如下。

Ia. 严格的自然保护区：严格保护生物多样性和可能的地理 / 地貌特征，在该区域内，人类的访问、使用和影响均受到严格的控制与限制，以确保对自然价值的保护。

Ib. 荒野地：通常是大面积未经改造或仅有轻微改造的区域，保留了其自然特征和影响，不存在永久或大量人类居住的痕迹，在保护与管理下得以维持其自然状态。

II. 国家公园：大面积的自然或近自然区域，用于保护具有特有物种和生态系统的大尺度生态过程，同时提供环境和文化兼容的精神、科研、教育、娱乐和旅游的机会。

III. 自然遗迹或地貌：为保护某一特定的自然遗迹而划定的区域，可以是海山、海底洞穴等地质特征，或者古树林等生物特征。

IV. 栖息地 / 物种管理区：用于保护特定物种或生境的区域，在管理工作中也体现了这种优先性。许多区域需要定期进行积极的干预，以满足特定物种或生境的需要，但这并不是该类别必需的。

V. 陆地或海洋景观保护地：在人与自然相互作用下所形成的具有重要生态、生物、文化和景观价值的特征鲜明的区域，保护这种相互作用的完整性对于保护和维持该区域及其相关的自然保护价值和其他价值都至关重要。

VI. 自然资源可持续利用保护地：保护生态系统及其相关的文化价值和传统自然资源管理系统的区域。这些区域通常面积较大，大部分处于自然状态，其中一部分通过可持续的自然资源管理进行保护，且该区域的主要目标之一是与自然保护相兼容的低水平的非工业的自然资源利用。

这些类别应基于主要的管理目标，这些目标至少应适用于 3/4 的自然保护地，即遵循 75% 规则。

管理类别与治理类型结合使用，治理类型是对自然保护地管理权和责任的描述。IUCN 定义了 4 种治理类型。

政府治理：联邦或国家部委 / 机构负责；地方主管部门 / 机构负责；政府委托管理（如委托给非政府组织）。

共同治理：协作管理（具有不同等级的影响力）；联合管理（多元管理委员会）；跨界管理（跨越国际边界的各个层面）。

私人治理：由私人拥有者管理；由非营利组织（非政府组织、大学、合作社）管理；由营利性机构（个人或公司）管理。

土著人民和当地社区治理：属于土著人民的保护地及领地；由当地社区宣布并管理的社区保护地。

IUCN 中关于自然保护地的定义、管理类别和治理类型的更多信息，请参见《自然保护地管理分类应用指南》（2008 年），该指南可从以下网址下载：www.iucn.org/pa_categories。

世界自然保护联盟

世界自然保护联盟（IUCN）助力为全球环境和发展所面临的最紧迫的问题寻求切实可行的解决方案。IUCN 致力于生物多样性、气候变化、能源、人类生计、绿色经济发展领域。IUCN 大力支持科学研究，组织开展全球各地的实地项目，并与各国政府部门、非政府组织、联合国和企业联合起来，共同商定保护政策、法律和最佳实践。IUCN 是目前世界上历史最悠久、规模最大的全球环境保护组织，遍布超过 160 个国家，拥有 1200 多个政府和非政府组织成员以及近 11 000 名专家志愿者。IUCN 的工作得到了 45 个办事处的 1000 多名工作人员以及其他公共、非政府组织和私营机构的数百家合作伙伴的支持（www.iucn.org）。

保护星球

保护星球（Protected Planet）体现 IUCN、IUCN- 世界自然保护地委员会（WCPA）及联合国环境规划署 - 世界保护监测中心（UNEP-WCMC）之间的合作伙伴关系，其旨在展望一个承认保护地价值的星球，并在全球变化下，有能力采取积极行动来维持和提高保护地的完整性。合作伙伴关系包括建立一个全球保护地平台，以获取、分析、交流和传播保护地现状和趋势的数据与知识，让所有的利益相关者参与其中，并有助于联合国千年发展目标、《生物多样性公约》中生物多样性战略计划的实现。此外，合作伙伴关系还包括支撑决策和加强行动。保护星球报告、IUCN WCPA 编写的"自然保护地最佳实践指南"系列图书、*PARKS* 期刊都是这一行动的一部分（www.protectedplanet.net）。

世界自然保护联盟 - 世界自然保护地委员会

世界自然保护联盟 - 世界自然保护地委员会（IUCN WCPA）是全球最具权威性的自然保护地领域的专业知识网络。IUCN WCPA 的工作得到了 IUCN 自然保护地计划的支持，拥有遍及 140 个国家的 1400 多个成员。IUCN WCPA 的工作职能是：协助各国政府和其他机构规划自然保护地并将其纳入相关部门的规划中；为政策制定者提供战略建议；加强自然保护地的能力建设和投资；通过召开各种自然保护地利益相关者会议以协同解决具有挑战性的问题。50 多年来，IUCN 和 IUCN WCPA 一直走在全球自然保护地行动的最前沿（www.iucn.org/wcpa）。

《生物多样性公约》

《生物多样性公约》（CBD，以下简称《公约》）是一项国际公约，于 1993 年 12 月生效，旨在保护生物多样性、可持续利用生物多样性的组分以及公平分享遗传资源所产生的惠益。《公约》拥有 193 个缔约方，覆盖了全球所有国家。《公约》旨在通过科学评估、工具开发、激励机制和流程设计、技术转让与最佳实践，以及包括土著居民、地方社区、非政府组织、妇女、青年和商界人士在内的所有利益相关者的广泛合作和积极参与，以期应对在生物多样性和生态系统服务方面所面临的所有威胁。2010 年举行的《生物多样性公约》缔约方大会第十次会议通过了修订更新后的 2011~2020 年《生物多样性战略计划》（以下简称《计划》），该《计划》包括 5 个战略目标和 20 个"爱知生物多样性目标"（Aichi Biodiversity Targets）。该《计划》是开展生物多样性工作的总体框架，不仅适用于与生物多样性相关的公约，同时也适用于整个联合国系统（www.cbd.int）。

加拿大公园管理局

加拿大公园管理局（Parks Canada Agency）负责保护和展示加拿大具有全国重要意义的自然和文化遗产，并促进公众的理解、鉴赏和享受，为今世及后代保留这些地方的生态和纪念意义的完整性。加拿大公园管理局所管理的国家公园、国家历史遗迹和国家海洋保育区，为加拿大人和国际游客提供了有意义的体验，以及与这些遗产地建立个人联系的机会。在履行其职责时，加拿大公园管理局致力于与土著人民、利益相关者和邻近社区的合作（www.pc.gc.ca）。

Equilibrium RESEARCH

均衡研究公司

均衡研究公司（Equilibrium Research）通过将有针对性的研究与实践运用相结合，促进积极的环境和社会变革。休·斯托尔顿（Sue Stolton）和奈杰尔·达德利（Nigel Dudley）于1991年建立了均衡研究公司。均衡研究公司与各种团体合作，从地方社区到联合国机构。主要的议题包括自然保护地及其大尺度的保育方法。均衡研究公司不仅提供咨询服务，也经营自己的项目。休·斯托尔顿和奈杰尔·达德利是IUCN-世界自然保护地委员会及其环境、经济和社会政策委员会（CEESP）的成员。奈杰尔·达德利担任IUCN-世界自然保护地委员会能力建设议题的主席（www.EquilibriumResearch.com）。

生态修复协会

生态修复协会（SER）是一个国际非政府组织，代表着一个生态修复专家网络，其中包括来自非洲、亚洲、澳大利亚/新西兰、欧洲和美洲的研究人员、从业人员、决策者和社区领导。SER的初衷是"推动生态修复，以维持地球的生物多样性、重塑自然与文化之间生态健康的联系"。SER在国际、区域和国家层面，广泛地与政府机构、政府间组织、非政府组织、私营企业、当地社区合作，促进生态修复的科学研究和实践，以造福于生物多样性、生态系统和人类。SER通过其同行评议的期刊《恢复生态学》（Restoration Ecology）、岛屿出版社丛书、国际会议和研讨会，促进了生态修复科学与知识的分享（www.ser.org）。

兰格利亚咨询公司

兰格利亚（Wrangellia）咨询公司专注于保护区管理、气候政策和碳定价，为决策者提供专家意见、整合新兴的最佳实践，并策划新的倡议行动。公司总部设在加拿大维多利亚。兰格利亚咨询公司对本书的贡献，由斯蒂芬妮·凯恩斯（Stephanie Cairns）和卡罗尔·霍尔（Carol Hall）牵头完成（www.wrangellia.ca）。

本书中关于地理概念及相关信息的介绍，并不代表世界自然保护联盟（IUCN）、加拿大公园管理局、生态修复协会、《生物多样性公约》（CBD）秘书处对任何国家、任何领土、任何地区及其主管部门的法律地位发表任何观点，也不代表对其疆土的边界划定发表任何看法。

本书中所表达的观点或见解亦不能代表世界自然保护联盟（IUCN）、加拿大公园管理局、生态修复协会、《生物多样性公约》（CBD）秘书处的观点。

本书能够最终付梓，离不开加拿大公园管理局、生态修复协会、《生物多样性公约》（CBD）秘书处在资金方面的鼎力相助。

IUCN 对本书翻译中可能出现的错误或遗漏不承担任何责任。如翻译与原文有差异，请参阅英文版。英文版报告为：*Ecological Restoration for Protected Areas: Principles, Guidelines and Best Practices. Best Practice Protected Area Guidelines Serie No.18.* 世界自然保护联盟，格兰德，瑞士。https://portals.iucn.org/library/node/10205

版权声明：
©2012 International Union for Conservation of Nature and Natural Resources
©2025 科学出版社（简体中文版）
事先经由版权所有者的书面授权许可，可用于教育目的或其他非商业目的的复制或翻印。未经版权所有者的书面授权许可，本书禁止用于转售或其他商业目的复制或翻印。
原书引用：Keenleyside, K.A., N. Dudley, S. Cairns, C.M. Hall, and S. Stolton (2012). Ecological Restoration for Protected Areas: Principles, Guidelines and Best Practices. Gland, Switzerland: IUCN. x + 120pp.
本书引用：卡伦·金利赛德，奈杰尔·达德利，斯蒂芬妮·凯恩斯，卡罗尔·霍尔，休·斯托尔顿 . 2025. 自然保护地生态修复：基本原则、指导准则和最佳实践 . 俞炜炜，王静，马志远，陈光程，范敏，胡文佳译；陈彬，杨彪校 . 北京：科学出版社 .
本书的翻译、出版工作支持来自于：自然资源部第三海洋研究所、北京市企业家环保基金会。本书插图系原文插图，地图略有修改。

原书 ISBN: 978-2-8317-2332-7

原 书 序

"我们所做的和我们能做的有所不同，这个差别足以解决世界上大多数问题。"[1]

——圣雄甘地

现在比以往任何时候都更明确的一个现实是，为了实现我们共同的愿景——一个珍视并保护自然的世界，必须加强行动。我们不仅要保护现存的，还要恢复已失去的。过去，我们共同努力拓展了全球自然保护地网络，并加强对这些区域及其间陆地和水域的管理，为应对全球保护面临的挑战作出了卓越的贡献。但我们有能力做得更多！在一些地区，自然保护地的自然、文化或其他相关的价值已经受到损害或丧失。然而，我们知道，在许多情况下，我们可以恢复这些价值。通过在自然保护地内外同时采取生态修复行动，我们可以重新恢复物种、重新连接栖息地、恢复自然过程，以及重塑文化传统和习俗；这样我们可以为所有人恢复自然保护地的价值和福祉。因此，生态修复的承诺正是通过行动实现我们共同的愿景。

本书为生态修复提供了一个指导框架，旨在为各种管理类别和各种治理类型的自然保护地的管理者及利益相关者开展自然保护地的自然及其他相关价值的恢复工作提供指导意见。在更广泛的层面上，它还有助于实现生物多样性保护的全球目标。然而，我们在加强恢复自然保护地价值的同时，也必须保持谨慎与谦逊，意识到生态修复是一个复杂且充满挑战的过程，而我们的干预可能会带来一些无法预知的结果。因此，这一指导框架有一套明确的原则作为基础，这些原则不是为了规定一成不变的流程，而是鼓励通过整体性思考、广泛合作、周密规划和审慎实施来实现目标。本书不乏精练的例子和详尽的案例研究，以帮助读者充分理解生态修复在应对一些最严峻的挑战方面所具有的潜力。

据我们所知，本书是迄今为止关于自然保护地生态修复指导和相关案例

---

[1] 多尔顿·丹尼斯(Dalton Dennis). 2012. 圣雄甘地: 非暴力力量在行动. 纽约: 哥伦比亚大学出版社: 336.

的最全面汇编。我们衷心期望您理解其中包含的理念、指导原则和案例。而更重要的是，秉承 20 世纪富有远见卓识的实践者——圣雄甘地的传统，我们鼓励您通过 21 世纪的行动来检验这些观点。

尼克·罗普金（Nik Lopoukhine）
IUCN- 世界自然保护地委员会主席

艾伦·拉图雷勒（Alan Latourelle）
加拿大公园管理局首席执行官

史蒂夫·怀斯南特（Steve Whisenant）
生态修复协会主席

布劳略·费雷拉·德索萨·迪亚斯
（Braulio Ferreira de Souza Dias）
《生物多样性公约》执行秘书

原书前言

本书旨在为自然保护地管理者和相关的合作单位开展自然保护地的自然、文化及其他重要价值的修复工作提供指导意见。自然保护地及其周边区域的生态修复是世界自然保护联盟（IUCN）和《生物多样性公约》（CBD）中自然保护地工作计划（PoWPA）的一个关键优先事项。该计划鼓励各国："制定并实施修复措施，以修复和恢复自然保护地的生态完整性"（自然保护地工作计划第 1.5.3 节）。2008 年 10 月在西班牙巴塞罗那举办的第四届 IUCN 世界自然保护大会上，与会各方意识到制定实施这些措施的指导性文件的必要性；与此同时，IUCN 各成员投票通过一项决议（4.036），呼吁 IUCN 总干事制定一套自然保护地生态修复的最佳实践指南。2010 年 10 月在日本名古屋举办的《生物多样性公约》第十次缔约方大会上，这一呼吁赢得了更多的认可与支持；在此背景下,世界自然保护地委员会（WCPA）受邀与其他相关组织合作共同制定"生态修复技术指南"（第 X/31 号决定，第 3.82 段）。IUCN 还承诺与加拿大公园管理局和生态修复协会（SER）合作，为自然保护地内的生态修复工作提供技术指导，并计划在 2012 年的世界自然保护大会上发布修复指南（IUCN WCPA，2010）。

IUCN- 世界自然保护地委员会为此成立了一个生态修复特别工作组，其主要任务是根据要求完成指南的开发。加拿大公园管理局牵头负责这个工作组，并与生态修复协会携手合作。该工作组由来自全球十几个国家的 25 名成员组成。根据各方在巴塞罗那会议上达成的共识，以加拿大公园管理局和加拿大公园管理委员会于 2008 年制定的加拿大指南《加拿大自然保护地生态修复基本原则和指导准则》为蓝本形成该指南，该指南也是众多合作伙伴（包括生态修复协会的成员、生态修复协会土著人民修复网络的成员）合作并参考了 2004 年生态修复协会发布的《生态修复入门指南》完成的。

本书经由许多专家共同起草完成。2009 年 8 月，来自世界各地的约 30 名自然保护地管理人员以及生态修复专家在西澳大利亚州的珀斯召开了为期一天的研讨会，旨在对当前指南的内容和框架提出初步的看法与建议。2010 年 10 月，IUCN 世界自然保护地委员会生态修复特别工作组成立。工作组成员根据全球自然保护地的经验，就生态修复最佳实践的基本原则和技术方面提供了详细的建议。2011 年 8 月，众多工作组成员汇聚墨西哥梅里达，审阅完整的磋商前草案。这次会议在第四届世界生态修复大会之后举行，这也为 SER 的许多其他专家以及《生物多样性公约》秘书处的工作人员提供了参与机会。2011 年 5 月，在加拿大维多利亚举行了一次生态修复国际专家非正式会议，讨论在快速、前所未有的变化条件下的生态修复与生态系统弹性。会议的具体任务是讨论在迅速变化的生态条件下制定修复目标的最佳实践，并制定一套最佳实践指南，旨在加强应对多重生态变化（最主要是气候变化）的生态系统弹性。

本书由 IUCN WCPA 生态修复特别工作组主席卡伦·金利赛德（Karen Keenleyside）（加拿大公园管理局），以及顾问斯蒂芬妮·凯恩斯（Stephanie Cairns）（兰格利亚咨询公司，加拿大）、卡罗尔·霍尔（Carol Hall）（加拿大）、奈杰尔·达德利（Nigel Dudley）和休·斯托尔顿（Sue Stolton）（均衡研究公司，英国）共同完成。

中译本前言

在全球气候变化和人类活动的双重压力下，生态退化已成为一个全球性的环境问题，各国都在寻求解决方案。生态修复作为一项关键的策略，已在全球范围内引起了广泛关注，对于缓解、遏制乃至扭转生态退化都具有至关重要的作用。自然保护地在维持生物多样性、全球生态平衡等方面具有不可替代的作用，然而它们同样面临着生态退化的严峻形势。自然保护地是全球生态修复工作的关键领域和主要战场。

生态修复是我国生态文明建设的重要内容。近年来，党中央、国务院高度重视生态文明建设，党的十八大将生态文明建设纳入中国特色社会主义事业"五位一体"总体布局，党的十九大明确提出"实施重要生态系统保护和修复重大工程"，党的二十大明确"提升生态系统多样性、稳定性、持续性"的战略任务和重大举措，提出"以国家重点生态功能区、生态保护红线、自然保护地等为重点，加快实施重要生态系统保护和修复重大工程"。2020年，经中央全面深化改革委员会第十三次会议审议通过，国家发展改革委、自然资源部印发了《全国重要生态系统保护和修复重大工程总体规划（2021—2035年）》，这是十九大以来首个全国性的生态保护和修复领域的综合性规划，标志着我国生态修复工作进入新阶段。我国生态修复工程的数量和规模也将随之快速增长。尽管近年来我国生态修复领域的理论和实践取得了显著发展，并在某些方面实现了重大突破，但与国际领先水平相比，仍有一定的差距。鉴于此，我们亟待进行生态修复成果和经验的总结，以便更加科学地指导未来的生态修复工作，进一步提升生态修复工作成效。

来自自然资源部第三海洋研究所、北京市企业家环保基金会的译者团队在多年的海洋自然保护地管理、海洋生态修复等领域的工作经验，对包括海洋在内的生态修复研究与实践进行系统总结。《自然保护地生态修复：基本原则、指导准则和最佳实践》聚焦自然保护地，全面总结了一系列有效的、高效的和参与式的生态修复项目的实践经验，我们期望本书能为我国生态修复工作提供可借鉴的工具和信息。

由于译者水平所限，译文不足之处在所难免，恳请同行专家、学者及其他读者批评指正。希望本书的出版能为促进我国生态文明建设尽绵薄之力。

译　者

2025年夏于厦门

原书致谢

众多专家贡献了他们广泛的知识和大量时间来指导本书的编写，除了工作组和IUCN WCPA指导委员会，还有约100名审稿人也应邀为本书提供建议和意见。作者对他们的帮助深表感谢（同时对下列名单中被遗漏的人员深表歉意）。

工作组成员

主席：卡伦·金利赛德（Karen Keenleyside）（加拿大公园管理局）；萨莎·亚历山大（Sasha Alexander）（生态修复协会，美国）；约瑟夫·史密斯·阿博特（Joseph Smith Abbott）（英属维尔京群岛国家公园信托基金，BVI）；费特希·阿亚希（Fethi Ayache）（突尼斯苏塞大学）；里卡多·米兰达·德·布里特斯（Ricardo Miranda de Britez）（巴西野生动物和环境教育研究协会）；达夫·奥尔德·萨拉·达夫（Daf Ould Sehla Daf）（毛里塔尼亚迪亚林国家公园）；奈杰尔·达德利（Nigel Dudley）（英国均衡研究公司）；格雷戈里·埃克特（Gregory Eckert）（美国国家公园管理局）；徐海英（Hag-Young Heo）（IUCN亚洲及韩国国家公园管理局）；埃里克·希格斯（Eric Higgs）（加拿大维多利亚大学）；李昌硕（Chang-suk Lee）（韩国首尔女子大学）；

塞缪尔·莱维-塔切尔（Samuel Levy-Tacher）（墨西哥南方边境学院）；凯西·麦金农（Kathy MacKinnon）（IUCN WCPA生物多样性和气候变化委员会副主席，英国）；丹尼斯·马丁内斯（Dennis Martinez）（美国原住民修复网络）；爱德华·米勒（Eduard Müller）（哥斯达黎加国际合作大学）；尤西·帕维能（Jussi Päivinen）和图奥马斯·哈帕莱托（Tuomas Haapalehto）（芬兰森林和公园管理局）；迈克·鲍威尔（Mike Powell）（南非罗德斯修复研究所）；迪特尔·范·登·布鲁克（Dieter van den Broeck）（南非生机大地组织，Living lands）；皮特·雷恩斯（Pete Raines）和简·范·博霍夫（Jan van Bochove）（英国珊瑚礁保护协会）；申俊焕（Joon Hwan Shin）（韩国森林研究院）；丹尼尔·瓦劳里（Daniel Vallauri）（世界自然基金会，法国）；伊恩·沃克（Ian Walker）（澳大利亚维多利亚公园）；约翰·沃森（John Watson）（西澳大利亚州环境保护部门，代表IUCN WCPA大洋洲分部）。

咨询顾问

基思·鲍尔斯（Keith Bowers）（生物栖息地，美国）；克莱门特·埃宾（Clement Ebin）（非洲生态修复基金会，尼日利亚）；安德鲁·约翰·罗德斯·埃斯皮诺萨（Andrew John Rhodes Espinoza）（墨西哥国家自然保护区委员会）；萨拉特·巴布·吉达（Sarat Babu Gidda）（《生物多样性公约》秘书处）；詹姆斯·哈里斯（James Harris）（英国克兰菲尔德大学）；理查德·霍布斯（Richard Hobbs）（西澳大学）；罗伊·R.'罗宾'·刘易斯三世（Roy R. 'Robin' Lewis III）（美国刘易斯环境服务公司和海岸资源集团有限公司）；尼克·罗普金（Nik Lopoukhine）（IUCN WCPA 主席，加拿大）；卡罗莱娜·穆尔西亚（Carolina Murcia）（哥伦比亚生态基金会）。

案例研究、专栏和插图

感谢为案例研究、专栏和插图提供信息或发表评论的所有人：萨莎·亚历山大（Sasha Alexander）（生态修复协会，美国）；马利克·哈桑·阿里（Malik Hassan Ali）（伊拉克巴士拉大学海洋科学中心）；詹姆斯·阿伦森（James Aronson）（法国功能与进化生态学中心；国际生态修复协会政策主席）；安妮·伯奇（Anne Birch）（大自然保护协会，美国）；基思·鲍尔斯（Keith Bowers）（生物栖息地，美国）；里卡多·米兰达·德·布里特斯（Ricardo Miranda de Britez）（巴西野生动物和环境教育研究协会）；琳达·伯尔（Linda Burr）（顾问，加拿大）；达夫·奥尔德·萨拉·达夫（Daf Ould Sehla Daf）（毛里塔尼亚迪亚林国家公园）；金斯利·迪克逊（Kingsley Dixon）（澳大利亚国王公园和植物园）；

纳迪亚·阿尔慕达法尔·法齐（Nadia Al-Mudaffar Fawzi）（伊拉克巴士拉大学）；G. 古格奇（G. Gugć）（克罗地亚龙尼斯科自然公园公共服务局）；奥利维尔·哈默林克（Olivier Hamerlynck）（IUCN）；徐海英（Hag Young Heo）（IUCN 亚洲及韩国国家公园管理局）；埃里克·希格斯（Eric Higgs）（加拿大维多利亚大学）；格雷格·豪兰（Gregg Howland）（岛屿保护组织，加拿大）；伊尔波·霍尔曼（Ilpo Huolman）（芬兰新地经济发展、交通与环境中心）；郑东赫（Dong-Hyuk Jeong）（韩国国家公园管理局物种恢复中心）；艾拉·凯托（Aila Keto）（澳大利亚雨林保护协会有限公司）；汉斯·基纳（Hans Kiener）（德国巴伐利亚森林国家公园管理局）；安德鲁·奈普（Andrew Knipe）（南非"守护林地行动"）；玛丽-乔茜·拉伯奇（Marie-Josée Laberge）（加拿大公园管理局）；罗伊·R.'罗宾'·刘易斯三世（Roy R. 'Robin' Lewis III）（美国刘易斯环境服务公司和海岸资源集团有限公司）；塞缪尔·莱维-塔切尔（Samuel Levy-Tacher）（墨西哥南方边境学院）；丹尼斯·马丁内斯（Dennis Martinez）（美国原住民修复网络）；迈克·鲍威尔（Mike Powell）（南非罗德斯修复研究所）；艾利森·斯科特（Alison Scott）（加拿大艾利森·斯科特设计院）；安德鲁·斯科诺（Andrew Skowno）（生态与保护地理信息系统服务机构，南非）；安德烈·索温克（Andrej Sovinc）（IUCN WCPA 欧洲区域副主席）；丹尼尔·瓦劳里（Daniel Vallauri）（世界自然基金会，法国）；迪特尔·范·登·布鲁克（Dieter van den Broeck）（南非生机大地组织）；伊恩•沃克（Ian Walker）（澳大利亚维多利亚公园）；约翰•沃森（John Watson）（西澳大利亚州环境保护部门，代表 IUCN WCPA 大洋洲分部）；劳丽•魏因（Laurie Wein）（加拿大公园管理局）。

2009 年珀斯专家研讨会 / 范围界定会议与会者

萨莎•亚历山大（Sasha Alexander）（生态修复协会，美国）；基思•鲍尔斯（Keith Bowers）（生物栖息地，美国）；里卡多•米兰达•德•布里特斯（Ricardo Miranda de Britez）（巴西野生动物和环境教育研究协会）；尼克•戴维森（Nick Davidson）（《拉姆萨尔公约》，瑞士）；克莱门特•埃宾（Clement Ebin）（非洲生态修复基金会，尼日利亚）；乔治•甘恩（George Gann）（生态修复协会，美国）；吉姆•哈里斯（Jim Harris）（英国克兰菲尔德大学）；埃里克•希格斯（Eric Higgs）（加拿大维多利亚大学）；卡伦•金利赛德（Karen Keenleyside）（加拿大公园管理局）；戴维•兰姆（David Lamb）（澳大利亚昆士兰大学；IUCN 生态系统管理委员会，澳大利亚）；科林•莫尔克（Colin Meurk）（新西兰土地保护组织）；尤西•帕维能（Jussi Päivinen）（芬兰森林和公园管理局）；菲尔•佩格勒（Phil Pegler）（澳大利亚维多利亚公园）；迈克•鲍威尔（Mike Powell）（南非罗德斯修复研究所）；加里•桑德斯（Gary Saunders）（澳大利亚新南威尔士州国家公园与野生动物管理局）；西蒙•斯梅尔（Simon Smale）（绿化澳大利亚）；罗布•史密斯（Rob Smith）（澳大利亚新南威尔士州国家公园与野生动物管理局）；申元佑（Wonwoo Shin）（韩国国家公园管理局）；卡塔林•托罗克（Katalin Török）（匈牙利科学院）；伊恩•沃克（Ian Walker）（澳大利亚维多利亚公园）；约翰•沃森（John Watson）（西澳大利亚州环境保护部门，代表 IUCN WCPA 大洋洲分部）。

2011 年梅里达工作组会议

萨莎•亚历山大（Sasha Alexander）（生态修复协会，美国）；费特希•阿亚希（Fethi Ayache）（突尼斯苏塞大学）；基思•鲍尔斯（Keith Bowers）（生物栖息地，美国）；迪特尔•范•登•布鲁克（Dieter van den Broeck）（南非生机大地组织）；斯蒂芬妮•凯恩斯（Stephanie Cairns）（兰格利亚咨询公司，加拿大）；费尔南多•卡马乔（Fernando Camacho）（墨西哥国家自然保护区委员会）；奈杰尔•达德利（Nigel Dudley）（英国均衡研究公司）；克莱门特•埃宾（Clement Ebin）（非洲生态修复基金会，尼日利亚）；萨拉特•巴布•吉达（Sarat Babu Gidda）（《生物多样性公约》秘书处）；图奥马斯•哈帕莱托（Tuomas Haapalehto）（芬兰森林和公园管理局）；埃里克•希格斯（Eric Higgs）（加拿大维多利亚大学）；卡伦•金利赛德（Karen Keenleyside）（加拿大公园管理局）；塞缪尔•莱维-塔切尔（Samuel Levy-Tacher）（墨西哥南方边境学院）；罗伊•R.'罗宾'•刘易斯三世（Roy R. 'Robin' Lewis III）（美国刘易斯环境服务公司和海岸资源集团有限公司）；乔•穆隆戈伊（Jo Mulongoy）（《生物多样性公约》秘书处）；卡罗莱娜•穆尔西亚（Carolina Murcia）（哥伦比亚生态基金会）；休•斯托尔顿（Sue Stolton）（英国均衡研究公司）；伊恩•沃克（Ian Walker）（澳大利亚维多利亚公园）。

2011 年维多利亚州关于快速变化背景下修复工作的专家咨询会

萨莎•亚历山大（Sasha Alexander）（生态修复协会，美国）；基思•鲍尔斯（Keith Bowers）（生物栖息地，美国）；斯蒂芬妮•凯恩斯（Stephanie Cairns）（兰格利亚咨询公司，加拿大）；卡罗尔•霍尔（Carol Hall）（加拿大）；詹姆斯•哈里斯（James Harris）（英国克兰菲尔德大学）；埃里克•希格斯（Eric Higgs）（加拿大维多利亚大学）；理查德•霍布斯（Richard Hobbs）（西澳大学）；卡伦•金利赛德（Karen Keenleyside）（加拿大公园管理局）；希瑟•麦凯（Heather MacKay）（《拉姆萨尔公约》，美国）；斯蒂芬•墨菲（Stephen Murphy）（加拿大滑铁卢大学）；凯蒂•苏丁（Katie Suding）（美国加利福尼亚大学伯克利分校）。

感谢以下人员对草案的评论和建议

除上述列出的人员外，作者还要感谢对本书提出意见的诸位人士。

包括詹姆斯•阿伦森（James Aron-son）（法国功能与进化生态学中心；国际生态修复协会政策主席）；玛丽安娜•贝洛特（Mariana Bellot）（墨西哥国家自然保护区委员会）；哈里•比格斯（Harry Biggs）（IUCN WCPA 淡水工作组）；格拉齐亚•波里尼 - 费耶阿本德（Grazia Borrini-Feyerabend）（IUCN 环境、经济和社会政策委员会副主席，土著与社区保护区联盟协调员）；尼玛•帕塔克•布鲁姆（Neema Pathak Broome）（印度 Krishnamurti 环境保护组织）；琳达•伯尔（Linda Burr）（顾问，加拿大）；赫尔南多•卡布拉尔（Hernando Cabral）（大自然保护协会，墨西哥）；亚历杭德罗•卡尔萨达（Alejandra Calzada）（墨西哥国家自然保护区委员会）；胡安•卡洛斯•卡斯特罗（Juan Carlos Castro）（墨西哥国家自然保护区委员会）；科琳•科里根（Colleen Corrigan）（联合国环境规划署 - 世界保护监测中心，英国）；弗朗索瓦•杜克洛斯（François Duclos）（加拿大公园管理局）；凯瑟琳•迪穆谢尔（Catherine Dumouchel）（加拿大公园管理局）；艾文•埃切维里亚（Iven Echeverria）（大自然保护协会，墨西哥）；韦恩•埃兰克（Wayne Erlank）（南非东开普省公园和旅游局）；凯文•欧文（Kevin Erwin）（湿地国际的湿地修复专家小组，美国）；罗伯托•埃斯卡兰特（Roberto Escalante）（墨西哥国家自然保护区委员会）；萨姆•费雷拉（Sam Ferreira）（南非国家公园管理局）；胡安•曼努埃尔•弗劳斯托（Juan Manuel Frausto）（墨西哥自然保护基金）；娜萨莉•加尼翁（Nathalie Gagnon）（加拿大公园管理局）；玛丽亚·德尔·卡门·加西亚（Maria del Carmen García）（墨西哥国家自然保护区委员会）；托德·古伦比亚（Todd Golumbia）（加拿大公园管理局）；埃米莉·冈萨雷斯（Emily Gonzales）（加拿大公园管理局）；马里奥·冈萨雷斯-埃斯皮诺萨（Mario González-Espinosa）（墨西哥南方边境学院）；克里斯蒂娜·古恩瑞（Christine Goonrey）（澳大利亚国家公园委员会主席）；乔伊斯·古尔德（Joyce Gould）（加拿大阿尔伯塔省旅游、公园和休闲局）；图奥马斯·哈帕莱托（Tuomas Haapalehto）（芬兰森林和公园管理局）；徐海英（Hag-Young Heo）（IUCN 亚洲及韩国国家公园管理局）；马克·霍金斯（Marc Hockings）（澳大利亚昆士兰大学）；罗伯特·霍夫特（Robert Hoft）（《生物多样性公约》秘书处）；布里亚尔·豪斯（Briar Howes）（加拿大公园管理局）；艾拉·凯托（Aila Keto）（澳大利亚雨林保护协会）；埃德·贾格尔（Ed Jager）（加拿大公园管理局）；卡罗莱娜·贾罗（Carolina Jarro）（哥伦比亚国家自然公园）；汉斯·基纳（Hans Kiener）（德国巴伐利亚森林国家公园管理局）；安德鲁·奈普（Andrew Knipe）（南非"守护林地行动"）；戴维·兰姆（David Lamb）（澳大利亚昆士兰大学；IUCN 生态系统管理委员会，澳大利亚）；丹尼尔·费利佩·阿尔瓦雷斯·拉托雷（Daniel Felipe Alvarez Latorre）（智利环境部）；李昌硕（Chang-suk Lee）（韩国首尔女子大学）；塞缪尔·莱维-塔切尔（Samuel Levy-Tacher）（墨西哥南方边境学院）；罗伊·R.'罗宾'·刘易斯三世（Roy R.'Robin' Lewis III）（美国刘易斯环境服务公司和海岸资源集团有限公司）；凯西·麦金农（Kathy MacKinnon）（IUCN WCPA 生物多样性和气候变化委员会副主席，英国）；伊格纳西奥·马奇（Ignacio March）（大自然保护协会，墨西哥）；史蒂夫·麦库尔（Steve McCool）（美国蒙大拿大学）；斯蒂芬·墨菲（Stephen Murphy）（加拿大滑铁卢大学）；海伦·纽因（Helen Newing）（英国肯特大学坎特伯雷分校）；雷·尼亚斯（Ray Nias）（岛屿保护组织，澳大利亚）；克里斯特尔·诺瓦克（Krystal Novak）（加拿大渔业和海洋部）；米里亚姆·特雷莎·努涅斯（Miriam Teresa Nuñez）（墨西哥国家自然保护区委员会）；安杰尔·奥马尔·奥尔蒂斯（Angel Omar Ortiz）（墨西哥国家自然保护区委员会）；南希·伍德菲尔德·帕斯科（Nancy Woodfield Pascoe）（英属维尔京群岛国家公园信托基金）；李·帕格尼（Lee Pagni）（IUCN-物种存续委员会鬣蜥专家小组及 IUCN WCPA 旅游和保护区专家组）；理查德·皮瑟（Richard Pither）（加拿大公园管理局）；戴夫·普里查德（Dave Pritchard）（《拉姆萨尔公约》科学和技术审查小组）；约翰娜·普恩特斯（Johanna Puentes）（哥伦比亚国家自然公园）；约翰妮·兰格（Johanne Ranger）（加拿大公园管理局）；布赖恩·里夫斯（Brian Reeves）（南非东开普省公园和旅游局）；戴夫·雷诺兹（Dave Reynolds）（IUCN 全球自然保护地计划）；安德鲁·约翰·罗德斯·埃斯皮诺萨（Andrew John Rhodes Espinoza）（墨西哥国家自然保护区委员会）；费尔南多·卡马乔·里科（Fernando Camacho Rico）（墨西哥国家自然保护区委员会）；尼克·罗伯茨（Nick Roberts）（澳大利亚维多利亚州国家公园协会）；特雷弗·桑德韦斯（Trevor Sandwith）（IUCN 全球自然保护地计划）；彼得·辛金斯（Peter Sinkins）（加拿大雷丁山国家公园）；艾拉·史密斯（Ila Smith）（加拿大公园管理局）；安德烈·索温克（Andrej Sovinc）（斯洛文尼亚塞乔夫列盐田自然公园、IUCN 欧洲区临时主席）；卡萝尔·圣劳伦特（Carole St Laurent）（IUCN 森林保护计划）；瓦妮萨·瓦尔德斯（Vanessa Valdez）（墨西哥自然保护基金）；彼得·瓦伦丁（Peter Valentine）（澳大利亚詹姆斯·库克大学）；丹尼尔·瓦劳里（Daniel Vallauri）（世界自然基金会，法国）；迪特尔·范·登·布鲁克（Dieter van den Broeck）（南非生机大地组织）；克里斯蒂诺·维拉里尔（Cristino Villareal）（墨西哥国家自然保护区委员会）；埃德温·万尼耶（Edwin Wanyonyi）（肯尼亚野生动物管理局）；劳丽·魏因（Laurie Wein）（加拿大公园管理局）；罗布·怀尔德（Rob Wild）（IUCN WCPA 文化和精神价值专家小组）；迈克·王（Mike Wong）（加拿大公园管理局）；斯蒂芬·伍德利（Stephen Woodley）（IUCN 全球自然保护地计划）；格雷姆·沃博伊斯（Graeme Worboys）（IUCN WCPA 山地和连通性保护）。

目　　录

第 6 章 案例研究   107

第1章
使用指南

本书为陆地、海洋和淡水自然保护地管理人员提供了关于恢复自然保护地的自然价值和相关价值的指导，这些指导适用于系统和点位两个层面。由于有时需要在自然保护地边界之外开展修复（例如，解决生态系统的破碎化问题并维持自然保护地系统的连通性），本书中的"自然保护地修复"不仅包括自然保护地内的行动，也包括对自然保护地价值有影响的连接或环绕自然保护地的陆域和水域中的行动。本书提供了生态修复的原则、最佳实践、案例以及关于修复过程的建议，但它并非一本全面的修复手册，不提供详细的修复方法和技术。参考书目中列出了一些相关的手册。

本书首先介绍了与"修复"和"自然保护地管理"相关的主要术语的概念。第2章简述了开展修复工作的最佳时机和地点。第3章概括总结了生态修复的基本原则和指导准则，以便指导修复政策、总体目标和具体目标的制定以及修复的实施，其目的在于与基本原则保持一致，同时允许实施过程中因具体生物群落、地域和问题的不同而存在差异。第4章借鉴全球经验，确定了修复工程的最佳实践方法和技术。第5章提出实施自然保护地生态修复的"7个阶段框架"决策过程的建议（图1-1）。第6章采用一组案例展示了自然保护地内及其周边区域生态修复的实践应用。虽然我们鼓励从经验中学习，但任何实际操作都不能简单照搬。从经验中获取的方法只适用于特定的地点和条件，因此，在实际修复过程中还需要根据具体情况进行具体分析。本书提供了关键术语列表。读者可以参考更详细的技术指南和手册，尤其在网上可查阅参考文献和书目中的信息。虽然本书涉及一些专业技术知识，但主要服务于生态保护和修复实践者。

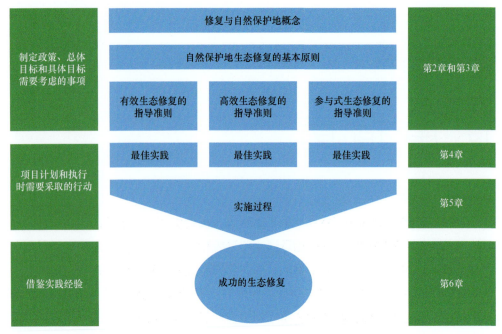

图 1-1　本书基本结构图

案例研究（第 6 章）提供了全球各地生态修复的详细案例；图为美国卡纳维拉尔国家海岸牡蛎礁修复项目（案例研究 12）[来自安妮·P. 伯奇（Anne P. Birch）（大自然保护协会）]

第 2 章

修复和自然保护地的概念

本章介绍了指南中使用的一些基本定义和概念。

定义

◆ 生态修复：协助退化的、受损的或破坏的生态系统恢复的过程（SER，2004）。

◆ 自然保护地：一个明确界定的地理空间，通过法律或其他有效方式获得认可、得到承诺和进行管理，以期实现对自然及其所拥有的生态系统服务和文化价值的长期保护（Dudley，2008）。

核心概念

◆ 在自然保护地内及其周边区域进行生态修复有助于实现与生物多样性保护和人类福祉相关的许多社会目标。

◆ 实施修复项目的原因各不相同，可能包括恢复单个物种、加强陆地或海洋在景观尺度上的生态系统功能或连通性、增加游客体验的机会、重建或增强各种生态系统服务。

◆ 生态修复可以通过增强对变化的弹性和提供生态系统服务来适应气候变化。同时，它还能通过捕获生态系统中的碳来减缓气候变化。

◆ 快速的气候变化和其他全球变化给修复工作带来了更多的挑战，同时也凸显了适应性管理的重要性。

◆ 自然保护地管理者需与自然保护地内外的各个利益相关者和合作伙伴紧密合作，以确保在自然保护地内部及其交界区域成功进行生态修复。

马达加斯加的凡德里亚纳·马鲁兰布（Fandriana Marolambo）国家公园森林景观修复项目，该项目致力于通过建立社区苗圃来培育本土物种，从而提高对本土物种的认识（第 6 章案例研究 3）[来自丹尼尔·瓦劳里（Daniel Vallauri）（世界自然基金会）]

自然保护地是人类应对 21 世纪诸多重大保护挑战的积极措施。栖息地的丧失和退化、资源的过度开发、气候变化、入侵物种和污染等均会导致物种和生态系统服务的丧失（SCBD，2010a）。千年生态系统评估结果显示，全球 60% 的生态系统服务已经退化。人类活动对全球 83% 的陆地产生了直接影响（Sanderson et al.，2002），并且对海洋的影响达到了 100%，其中有 41% 的海洋受到严重影响（Halpern et al.，2008）。栖息地丧失是物种灭绝的最主要原因（SCBD，2010a）。自然保护地可以保护物种的栖息地。2010 年，全球承诺通过有效和公平地管理具有生态代表性和连通性良好的自然保护地系统来保护生物多样性和生态系统（SCBD，2010b），这凸显了自然保护地的价值。

与此同时，人们越来越关注陆地、海洋和内陆水域生态系统的修复工作，以重建其生态系统的功能和生态系统服务（ten Brink，2011）。生态修复是一种重要的管理途径，如果取得成功，可有助于实现广泛的社会目标，即维持一个健康的地球并为人类提供重要的福祉（SCBD，2010b）。生态修复为修复破坏的生态、复苏经济、复兴传统习俗以及提高生态和社会对环境变化的弹性带来了希望。

随着时间的推移，自然保护地的管理工作已经从早期的松懈或自由放任的管理状态，发展到现今积极主动的管理和修复方式，以保护生物多样性及自然保护地的其他重要价值。虽然自然保护地管理的首要目标是保护现有的生态系统，但由于先前的退化和持续的外部压

专栏 1

修复的概念

稳扎稳打是取得成功的关键

本书中提出的许多指导建议是针对生态修复行动的精心规划。自然保护地的管理者不应将对规划的重视看作采取行动的障碍，相反，他们应当把投入到项目前期规划的时间和精力，当作提升成功概率所进行的投资。同样，尽管本书中的所有概念和细节并非都适用于每个生态修复项目，但它们提供了丰富多样的理念和实例，这不仅能够为自然保护地生态修复的整体思路提供见解，同时也为当地生态修复的实施和决策提供指导。因此，我们鼓励读者抽出时间，深入研读本书所提供的指导准则、案例研究和其他示例，以期能够通过深思熟虑和审慎规划来修复地球上那些极具价值的地区。

力，往往需要进行修复工作。世界各地有无数成功的例子，包括生态系统的恢复、物种的重新引入、外来物种的

> 生态修复是协助退化的、受损的或破坏的生态系统恢复的过程。

清除，以及在自然保护地内进行的其他积极修复活动。因此，生态修复在自然保护地管理中的重要性日益凸显。在许多情况下，对生态修复的投入，包括时间、资源和精力，不仅有助于恢复生物多样性，还能恢复保护地生态系统的其他物质和非物质价值与效益。

随着环境压力和气候变化的加剧，对自然保护地生态修复工作进行精心规划和有效管理显得更为迫切。生态修复是一个充满挑战的复杂过程，它需要我

们对调整一些极具价值的生态系统特征作出决策，以实现特定的保护目标。生态修复的技术和方法仍在不断发展，与此同时，由于气候变化、外来物种入侵和栖息地退化等因素带来的前所未有的不确定性，即使我们尽了最大的努力，某些生态修复工作仍可能失败。全球变化的不确定性，以及生态修复成功概率的不确定性，赋予了那些从事自然保护地修复的工作者特殊的责任，他们必须采取明智、果断和谦逊的行动（Higgs and Hobbs，2010）。

生态修复和自然保护地的概念

什么是生态修复？

生态修复是"协助退化的、受损的或破坏的生态系统恢复的过程"（SER，

北太平洋的巴尔米拉环礁：正在开展消灭黑鼠的筹备工作（来自岛屿保护组织）

2004）。生态修复是一种主动的干预措施，旨在启动或加速生态系统的恢复，包括恢复其结构（如物种组成、土壤和水体的特性）和功能属性（如生产力、能量流动和养分循环），以及与周围陆地和海洋景观的相互作用（SER，2004；Parks Canada and Canadian Parks Council，2008；SCBD，2011）。总体来说，这些构成了"生态完整性"的一般属性（Woodley，2010），因此，生态修复旨在恢复或重建生态系统的生态完整性及其弹性。"生态修复"一词通常等同于"生态系统修复"（SER，2010），尽管一些自然保护地修复项目的目标可能较窄，如恢复某一稀有物种。生态修复既可以仅限于减缓压力以促进自然恢复，也可以涉及采取高强度的干预措施，如种植植被、重建当地已灭绝的物种或人工清除外来入侵物种。

在本书中，"退化的"（degraded）是指任何对自然保护地的负面改变，即 SER（2004）所定义的退化（degradation）、受损（damage）和破坏（destruction），如入侵物种的引入和扩散、关键物种相互作用的丧失、生物物理属性（包括土壤结构、化学或水文过程等）的丧失，以及生态系统维持人类生计潜力的衰退。

生态修复通常涵盖或基于对生态系统的"整治"（remediate）（如去除化学污染）和"恢复"（rehabilitate）（如恢复生态系统功能和服务）的行动。然而，生态修复采取"生态系统方法"来管理（SER，2008），其目的通常比上述两项行动更为广泛，可以有多个目标，同时包含恢复生态、文化和社会经济价值。《生物多样性公约》①提出的生态系统方法的 12 项原则为生态系统管理提供了指导，旨在支持生物多样性、可持续利用和公平公正的惠益分享。此外，IUCN 生态系统管理委员会和 SER（Gann and Lamb，2006）还确定了 14 项修复原则，以支持这一更广泛的生态系统修复方法②。

生态修复的方法、时间周期、成本和成功的机会取决于要应对的威胁、周围生物和社会条件，以及生态系统退化的程度。例如，消除非生物屏障，如土壤污染或水文功能问题，是恢复物种组成等生物属性的关键一步（SER，2010）。相反，在某些情况下，只需消除压力因素（例如，降低自然保护地的放牧强度）就足以使生态系统得以恢复。有时需要采用多种修复方式。例如，尽管在过去 20 年里，热带森林遭受了持续的砍伐，但热带次生林的数量显著增长，这主要得益于被动修复（自然再生）和主动修复（Holl and Aide，2011）。

图 2-1 提供了生态系统退化程度与修复途径之间关系的简化概念图。不过，社会和文化的因素并没有在图 2-1 中显示出来，如缺乏当地社区的支持或不利的法律和政策都可能成为生态修复的障碍。对于在人为干预（通常是土著人民）下演变了数千年的陆地景观来说，消除这些人为干预反倒可能成为压力源，如

澳大利亚：极度濒危的吉尔伯特长鼻袋鼠（*Potorous gilbertii*）正被迁入离岸岛屿，以建立一个备份种群。目前唯一已知的种群（35 只）极易因一场野火而灭绝（来自西澳大利亚环境与保护部门）

---

① http://www.cbd.int/ecosystem/principles.shtml
② http://www.ser.org/content/Globalrationale.asp

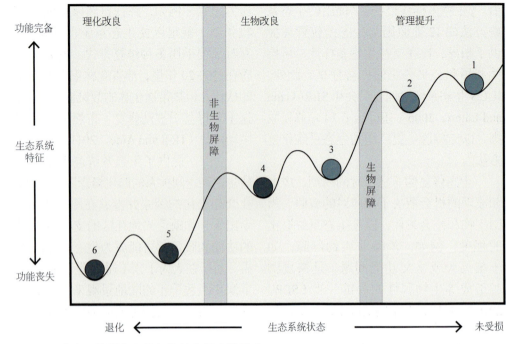

图 2-1　生态系统退化和修复的简化概念模型（Parks Canada and Canadian Parks Council，2008；改自 Whisenant，1999；Hobbs and Harris，2001）
不同编号的球体代表生态系统不同的可能状态，"球洞"的宽度和深度表征生态系统的弹性。干扰和压力导致生态系统向逐渐退化的状态转变，其中状态 6 退化最严重。在一些生态系统状态之间（如状态 2 和状态 3 之间）可能存在屏障或阈值，这些屏障或阈值在没有管理干预的情况下，会阻碍生态系统恢复到退化程度较低的状态。生态修复旨在试图将生态系统恢复到结构更完整、功能更完备的状态（即向状态 1 发展）。详细内容可参阅加拿大公园管理局和加拿大公园管理委员会 2008 年的相关资料

土著人民适宜物候 / 季节的焚烧行为。提升管理水平、满足社会经济和文化需求、调动积极性、增强治理能力等均对生态修复的成功至关重要（Hobbs *et al.*，2011）。

　　生态修复是一项以知识和实践为基础的工作，即利用自然、物理和社会科学，包括传统生态知识（TEK）在内的其他形式的知识，以及从实践中汲取的经验教训，指导生态修复的设计、实施、监测和信息交流。生态修复必须是一个包容性的过程，涵盖自然与文化之间的相互关系，并吸引包括土著人民、当地社区

和已迁出社区的社会各界参与（**专栏 2**）（Block *et al.*，2001；SER，2011）。在某些情况下，文化恢复是实施生态修复的必要前提。例如，在肯尼亚，为恢复神圣的林地，重新建立对神圣林地内砍伐树木的禁忌是必需的（Wild and McLeod，2008；Verschuuren *et al.*，2010）。

　　生态修复的难易程度和恢复速度因生态系统类型以及退化的类型和程度不同而异，同时还取决于如何界定修复的"终点"。例如，如果要恢复所有原生物种并促使其演替成为一个成熟的生态系统，即便可行，那也会是一个

专栏 2

深入观察
土著传统资源管理

土著传统资源管理（TRM）的价值直到最近才受到保护和修复科学界的关注，且人们对其的理解仍然十分有限。科学家对传统生态知识（TEK）和 TRM 的兴趣不断增长，这主要是因为在全球不确定性因素增加的背景下，迫切需要获取生态系统不可逆转变化之前的当地数据和生态历史基线。

TRM 以及与土著人民的合作和友好伙伴关系对生态系统至关重要。TEK 是对西方科学和自然保护地资源管理的补充，尤其是在当前环境急剧变化的背景下。在美国生态学会（ESA）的《生态学前沿》期刊中，生态学家指出："具有明确空间特征的本地知识对于识别阈值或临界点尤为重要……土著人民对空间和时间的变化有着非常深入的了解，这些知识作为可观察的指标，其与科学认识相结合……能够为（环境）评估提供可靠的参照条件描述"（Herrick *et al.*，2010）。

TEK 是一种口头代代相传的"知识 - 习俗 - 信仰"的综合体（Berkes，2008），具有特征鲜明的文化环境记忆和对各种变化的敏感性，依赖于土著文化在其传统家园中的存续。基于生态系统的适应方法对于增强土著人民应对各种变化的能力至关重要。文化遗存需要基于知识的管理。由此可见，TEK 具有创新性和适应性。对 TEK 的长期定性观察可为西方科学更普遍的实验性工作及其远程研究方法提供实地验证。随着气候干扰对生态系统的持续影响，难以通过实验手段获取的观测数据变得极为重要，而 TEK 恰好能够提供此类数据。

传统文化习俗在大多数情况下都具有生态可持续性。2008 年，加拿大公园管理局和加拿大公园管理委员会指出："长期存在的、经过验证的、生态适宜的做法应视为生态价值而被恢复或保留。"土著人民的土地伦理是基于一种精神上的责任，即对维系人类生存发展的动植物给予回报，否则就要承担后果。许多生态系统与当地可持续的土著文化融合发展了数千年，这对生态系统的结构和组成产生了深远的影响。这些土著文化景观可作为确定生态修复目标的参照。土著人民可以成为合作研究的重要伙伴，并定期参与，以实现、监测和维系世代相传的生态修复目标。将土著文化习俗融入自然保护地可以促进土著文化的传承，反过来，可持续的文化习俗是维护生态系统健康的必要组成部分。土著人民是许多生态系统的关键生物组成部分，他们的迁出可能会导致一连串意料不到的负面生态事件，这些事件可能使生态系统发生不可逆转的变化。因此，对于西方管理者和土著守护者来说，土著人民继续留在或重返现已成为自然保护地的家园是一个双赢的解决方案，这也符合《联合国土著人民权利宣言》中所规定的权利。

来源于丹尼斯·马丁内斯（Dennis Martinez）：土著人民修复网络

极其缓慢的过程。相反，倘若待恢复的生态系统功能相对良好，而且需要恢复的本土物种不多，那么该生态系统恢复起来会快很多。虽然很难一概而论，但总体上，湿地和红树林的恢复通常是一个相对较快的过程，热带森林的恢复较温带和北方森林更快。对于泥炭沼泽地和珊瑚的修复，还有待进一步探索和学习。草原生态系统恢复的难易程度在很大程度上取决于植被历史和气候，干旱地区的修复工作则更具挑战性。

加拿大环太平洋国家公园保护地：在西海岸步道，游客正与土著讲解员交谈（来自加拿大公园管理局）

什么是自然保护地?

本书所提及的自然保护地是指符合 IUCN 对自然保护地定义的所有区域（如国家公园、自然保护区、荒野地、土著人民和社区保护地）（Dudley，2008），即一个明确界定的地理空间，通过法律或其他有效方式获得认可、得到承诺和进行管理，以期实现对自然及其所拥有的生态系统服务和文化价值的长期保护。它们可以包括一系列不同的管理类别和治理类型（见文前相关内容所述）。IUCN 自然保护地管理类别提供了自然保护地管理的要点，并可作为指导生态修复的方法，尤其是在缺乏正式的书面管理目标的情况下。

根据这一定义，IUCN 确定了 6 个自然保护地管理类别，从严格的自然保护区到陆地或海洋景观保护地，再到自然资源可持续利用保护地。这些类别大致反映了自然保护地的自然和文化价值。由于这些价值的衰退亟待进行管理干预，生态修复适用于任意一类自然保护地。然而，干预的程度和类型在很大程度上取决于特定自然保护地的管理目标。例如，对于第 II 类目标（生态系统保护）管理的保护地，如果生态完整性丧失，可能就需要进行生态修复；而对于自然和文化相融（如传统的、自然友好型的管理体制的维持）或者可持续利用（如渔业）构成的威胁，则需要对旨在保护与陆地或海洋景观相关的价值或者可持续生态产品和服务供给的保护地进行修复（V 类和 VI 类）。需要长期积极管理干预的区域通常不会被归类为荒野地

（Ib 类）。

同样，自然保护地的治理类型包括政府治理、私人治理、土著人民和当地社区治理，以及各种形式的共同治理，都是管理决策的手段。因此，这些治理类型在其所在的制度和社会环境中是任意一类自然保护地整体修复过程的关键因素。如前所述，将多元化的治理和传统知识纳入自然保护地修复，可以激发出有效的修复方法（Borrini-Feyerabend *et al.*，2012）。

所有自然保护地的管理应足够灵活，以便在情况发生变化时进行调整，如出现新信息或者管理措施未达到预期效果。由于对修复如何影响生态系统、生态系统各组成部分如何相互作用，以及人类干预如何影响修复等的认知仍然不足，生态修复项目的管理要比其他大多数项目更加灵活。关于在自然保护地内及其周边制定生态修复目标的其他指导建议，将在第 5 章中讨论。

为什么修复自然保护地?

尽管全球范围内对保护环境作出了巨大努力，但生物多样性的下降趋势仍在不断加剧（Butchart *et al.*，2010），甚至在自然保护地有丧失的记录（Craigie *et al.*，2010）。由于历史遗留的退化问题、气候变化、外来入侵物种及更广泛的陆地或者海洋景观的变化，即使是管理得当的自然保护地也难以幸免。此外，非法侵入、偷猎行为和管理不善等因素，可能加剧自然保护地的退化。修复工作虽然对于减少自然保护地价值损失具有

积极作用，但不应将其作为破坏自然保护地行为的借口或补偿措施。

自然保护地的修复对于达成与生物多样性保护密切相关的多项社会目标至关重要，这些目标既包括物种保护也关乎人类福祉。自然保护地往往是脆弱或特有物种仅存的栖息地，因此，修复工作对于维系或恢复这些受威胁物种种群至关重要。在更大的尺度上，自然保护地通常是在广泛的陆域和水生网络中保护有价值的生态系统（包括保护地和非保护地）的最佳选择（Worboys *et al.*，2010a），而增强连通性的生态系统修复工作也有助于恢复自然保护地的价值。此外，自然保护地的修复工作越来越广泛地被用于恢复退化或丧失的生态系统

服务，这不仅包括储碳和固碳，还涉及解决与减少灾害风险、粮食安全，以及向当地及更偏远社区提供水源等有关的问题（Cairns，1997）。

各国政府依据国际条约、国内政策和立法，肩负着恢复自然保护地的义务。例如，联合国《生物多样性公约》战略计划中，"爱知生物多样性目标"的目标14（关于生态系统服务）和目标15（关于生态系统弹性和碳汇）都明确提及了生态修复（专栏 3）。此外，履行《联合国气候变化框架公约》的承诺，特别是减少由毁林和森林退化造成的二氧化碳排放相关的义务，包括保护、可持续管理和增加碳储量（REDD+），也需要在保护地内外开展生态修复行动。

专栏 3

深入观察
自然保护地生态修复与《生物多样性公约》（CBD）

2010 年 10 月，在日本名古屋召开的《生物多样性公约》第十次缔约方大会通过了《2011—2020 年生物多样性战略计划》和 20 项主要目标（即"爱知生物多样性目标"），以及与自然保护地、植物保护和《全球生物多样性展望》第三版中有关的决议，为提升全球对生态修复的关注奠定了基础。

《2011—2020 年生物多样性战略计划》和爱知生物多样性目标

对自然保护地及其周围和相连的土地与水域的恢复，将有助于实现本战略计划和爱知生物多样性目标，尤其是目标 11、14 和 15。

目标 11： 到 2020 年，通过有效和公平治理、建设具有生态代表性和良好连通性的自然保护地体系及其他有效的区划保护措施，使得至少 17% 的陆地和内陆水域、10% 的海岸和海洋得到保护并融入更广泛的陆地和海洋景观

中，尤其是对生物多样性和生态系统服务特别重要的区域。

目标 14：到 2020 年，考虑到妇女、土著人民、当地社区、贫困人口和弱势群体的需求，提供重要服务的生态系统得到恢复与保护，包括与水资源有关，以及有利于健康、生计和福祉的生态系统。

目标 15：到 2020 年，通过实施保护和修复，包括修复至少 15% 的退化生态系统，使生态系统弹性和生物多样性对碳储量的贡献得到提升，从而有助于缓解和适应气候变化以及防治荒漠化。

自然保护地

自然保护地的生态修复是《生物多样性公约》自然保护地工作计划的一项重要内容，该工作计划于 2004 年由《生物多样性公约》第七次缔约方大会通过。在名古屋，根据自然保护地决议（第 X/31 号决议）第 26 段"修复自然保护地的生态系统和生境"条款，缔约方会议敦促各缔约方：①通过加强生态系统和生境的修复，同时适当地采用连通性工具，如保护地内及相邻陆地或海洋景观之间的生态廊道和 / 其他保护措施，提高自然保护地系统生物多样性保护的有效性，并增强其对气候变化和其他压力的弹性；②将修复行动纳入自然保护地工作计划和国家生物多样性战略的行动计划中。

植物保护

在第 X/17 号决议中，缔约方大会通过了《全球植物保护战略》更新草案，其中目标 4 呼吁通过有效管理和 / 或修复，每个生态区域或植被类型中至少有 15% 得到保护；目标 8 呼吁至少 20% 已知受威胁的植物物种可供修复和恢复项目使用。

生物多样性展望

在《全球生物多样性展望》第三版的第 X/4 号决议第 6 段中，缔约方大会指出，要更加重视退化的陆地、内陆水域和海洋生态系统的修复工作，以期在现有指导的情况下，重建生态系统功能并提供有价值的服务。

除了恢复退化生态系统，自然保护地的修复还能带来一系列额外益处。自然保护地可提供一个受控环境，用于生态修复的研究、学习和教学，同时为监测提供参照生态系统。提升游客体验，让他们通过亲身体验修复后的健康生态系统，以此增加游客享受自然保护地的机会，可以作为生态修复工作的一个重要补充目标。精心设计的生态修复项目不仅能成为吸引游客的景点，还能展示管理部门如何应对环境压力及历史遗留的生态系统退化问题。此外，生态修复可以作为一种手段，通过让游客和志愿者参与修复项目，形成公众对自然保护地的支持。**表 2-1** 概述了在自然保护地及周边开展生态修复的具体原因。

表 2-1　修复自然保护地的原因

原因	例子
通过重建关键的生态过程，恢复自然保护地及其周边的生态完整性	在芬兰自然保护地，重新引入火的使用增加了芬兰北方森林中列入红色名录的或稀有的昆虫物种的种群数量（Hyväinen *et al.*，2006）
通过减少入侵物种的影响，恢复自然保护地及其周边的生态完整性	在英格兰东部自然保护地内及连接生境中，成功消除入侵物种海狸鼠（*Myocastor coypus*）（Baker，2006）；在哥伦比亚圣地奥通·金巴亚（Otún Quimbaya）动植物保护区，采取措施来控制姜花（*Hedychium coronarium*）的生长（Ramirez *et al.*，2008）
通过维持或恢复已退化或丧失的物种和栖息地，恢复自然保护地及其周边的生态完整性	在加利福尼亚州的圣巴巴拉岛，对入侵的兔子进行清除，以维持该岛上特有的濒危植物特氏粉叶草（*Dudleya traskiae*）的存活种群（Rolston，1995）
通过将物种重新引入原有栖息地，恢复自然保护地及其周边的生态完整性	黑犀（*Diceros bicornis*）和白犀（*Ceratotherium simum*）种群数量因 19 世纪的狩猎及最近的偷猎而锐减之后，通过重新引入，其种群已经在非洲南部和东部地区得到了广泛的重建（Emslie *et al.*，2009）
通过重建自然水文或支撑生态系统结构和功能的其他物理和化学条件，恢复自然保护地及其周边的生态完整性	世界自然基金会印度尼西亚分会一直在帮助萨班高（Sebangau）国家公园，通过对该地区之前被指定进行伐木作业而修建的运河进行封锁，以促进泥炭沼泽地的恢复（Wetlands International，2007；WWF，2009）
在已经被开垦或严重破坏的地块上建立新的自然保护地	科威特正在受第一次海湾战争严重石油污染的区域建立新的自然保护地（Omar *et al.*，1999）
扩大现有的自然保护地或缓冲区，增加自然保护地范围	在澳大利亚昆士兰州，政府征用了额外的土地，将斯普林布鲁克（Springbrook）国家公园和世界遗迹的面积扩大了 28%。志愿者通过修复已开垦区域来恢复重要的栖息地和景观连通性，提高该庇护区对气候变化和其他威胁的适应能力与弹性（**见第 6 章案例研究 11**）。在泰国中部，毗邻考艾（Khao Yai）国家公园的艾山烹马（Khao Phaeng Ma）地区，由泰国野生动物基金会管理，这片曾经退化且几近荒废的农田，现通过栽种苗木得到了恢复，如今该区域已经被国家公园的各种植物所覆盖（Lamb，2011）
连接现有的自然保护地或自然保护地内的生境斑块	巴西大西洋森林保护区对残留斑块内部及斑块之间的连接区域开展修复（Rodrigues *et al.*，2009）
沿着迁徙路径，维持或创造适宜的栖息地	西半球滨海鸟类保护区网络的维护和修复，为美洲的迁徙物种提供重要的觅食和休憩场所（Haig *et al.*，1998）
增强生态系统的弹性，帮助自然和人类适应气候变化	《墨西哥自然保护地适应气候变化计划》明确了由管理者和其他利益相关者制定的战略；修复工作增强了生态系统的弹性并减少了其应对气候变化的脆弱性（CONANP，2011a）

续表

原因	例子
通过储碳和固碳，有助于缓解气候变化	联合国开发计划署（UNDP）正与白俄罗斯的当地社区合作，以恢复自然保护地内退化的泥炭沼泽地（Tanneberger，2010）
保护或增强生态系统服务功能，如清洁水的供给	在厄瓜多尔，基多市居民的饮用水来源于两个自然保护地；当地居民通过水务公司获得资金，用于修复森林，以确保纯净水源的供给（Troya and Curtis，1998）
支持减贫、可持续生计、人类健康等社会目标	贫困可能导致环境退化，因此像马达加斯加的凡德里亚纳·马鲁兰布（Fandriana Marolambo）森林景观修复这样的修复项目，需要在实现生态目标的同时支持减贫（见第 6 章案例研究 3）
恢复具有重要文化价值的自然环境	日本的鹤井村已经恢复了被视为神圣之鸟的丹顶鹤（Grus japonensis）的越冬湿地（Matthiesen，2001）
改善或提供高质量的自然保护地游客体验	加拿大莫里斯（La Mauricie）国家公园的"从原木到独木舟"项目恢复了受过去林业影响的水生生态系统的水位、河岸栖息地和自然水文系统（水循环的变化）。通过清除原木和其他杂物，增加了园区内休闲型独木舟活动的机会，提升了游客体验（Parks Canada，2011a）
保护、加强和／或扩大当地、传统和土著文化及社区	在加拿大的瓜伊哈纳斯（Gwaii Haanas）国家公园，修复工作既支持了传统文化又恢复了森林生态系统的生态完整性（见第 6 章案例研究 9）

何时何地修复？

关于何时何地作出生态修复的决策，必须在需求与可行性之间取得平衡。第 5 章重点介绍了修复过程中进行评估与权衡的各个阶段（**如第 5 章中第 2 阶段，即 5.2 节**）。

"需求"可由以下情形确定（举例）。

1）自然保护地的一个或多个生态系统服务的价值降至某个阈值以下，需要进行干预（或改变方法）以恢复这些价值。

2）生态修复工作将有助于恢复具有区域或国家重要意义的物种／生境／生态系统。

3）法律强制要求。

4）在不损害自然保护地价值的前提下，可以恢复社区惠益、适应和减缓气候变化，或者提升其他生态系统服务。

"可行性"可受以下因素驱动。

1）生态修复的成功概率较高。

2）得到合作伙伴和利益相关方的广泛支持，确保项目获得长期成功。

3）有充足的资金、资源和技术保障。

4）修复成本较低，易于实施。

气候变化背景下的保护地修复工作

自然保护地在增强生态系统对变化的弹性（适应气候变化）、保护和提升碳储存（减缓气候变化）方面发挥着重要作用，是应对气候变化的重要组成部分（Dudley *et al.*，2010）。

科威特苏莱比亚试验站: 通过灌溉来修复灌木植被 [来自奈杰尔·达德利（Nigel Dudley）]

印度尼西亚加里曼丹岛中部的萨班高（Sebangau）国家公园: 昔日的泥炭运河。该运河是为了排干加里曼丹岛中部的泥炭沼泽地而建造的 [来自世界自然基金会印度尼西亚分会 / 蒂拉·玛雅·美塞萨（Tira Maya Maisesa）]

印度尼西亚加里曼丹岛中部的萨班高（Sebangau）国家公园: 世界自然基金会通过修建运河大坝来提高泥炭沼泽地的水位和土壤湿度 [来自世界自然基金会印度尼西亚分会 / 亨德里（Hendry）]

协助大自然适应气候变化

　　气候变化引发的干扰、极端事件、气候模式的改变以及自然过程变化如火灾和虫害暴发等，都可能导致栖息地的变化和物种分布范围的迁移。在此背景下，自然保护地为物种提供了安全的避难所（庇护所），并在环境变化时促进它们向适宜的栖息地扩散。生态完整性和连通性较高的自然保护地具有更强的应对变化的弹性，即它们不仅更能抵御变化，而且 / 或者更能容忍并适应新的气候条件，从而避免其当前生态系统向另一种新生态系统的彻底转变。此外，维持或增加遗传多样性以及提高生物群落对变化的耐受性，可以增强生态系统对气候变化的弹性（Maestre *et al.*，2012）。

协助人们适应气候变化

自然保护地的修复还可以增强人类社会适应气候变化的能力（Dudley *et al.*，2010）。保护地通过维系生态系统的完整性，有助于缓冲当地气候的变化，减轻极端天气事件的影响，并提供食物与药品供给、空气质量调节、水体净化、含水层补给和侵蚀控制等生态系统服务（Stolton and Dudley，2010）。通过恢复生态系统及其所提供的服务，自然保护地的生态修复能够增强社会和经济的韧性，并提高当地社区适应气候变化的能力（Hobbs *et al.*，2010）。此外，通过鼓励社区成员和游客参与自然保护地的修复和管理，以及提升恢复后自然保护地的游览体验，还可以获得适应和减缓气候变化的额外益处。这种参与有助于加深人们对基于自然的气候变化解决方案的认识，并激励他们在日常生活中采取更广泛的行动（NAWPA，2012）。

减缓气候变化

生态系统的退化和丧失是造成温室气体排放的主要原因，而这些气体加剧了气候变化。自然保护地有助于保障陆地、海洋和淡水的植被、土壤和沉积物中储存的碳，还能保护这些自然生态系统，使其持续吸收更多的碳。根据联合国环境规划署 - 世界保护监测中心的统计（UNEP-WCMC，2008），全球至少15% 的陆地森林碳储存在自然保护地中。生态修复不仅有助于维持这些碳储存，还能增强自然保护地的固碳能力。例如，泥炭沼泽地作为重要的碳汇，若发生干涸或火灾，将释放大量的碳（Ramsar，2007）；通过精心修复，保持其水文过程，可以有效防止此类情况的发生。此外，修复退化的保护地能通过种植植被等措施，增强生态系统功能，如光合作用、微生物过程、土壤形成，进而提升其固碳能力。这些碳汇潜力并不局限于陆地：海洋是地球上最大的长期碳汇，而其中的红树林、盐沼和某些海草种类的固碳能力尤为突出（Laffoley and Grimsditch，2009）。然而，这些生态系统正遭受严重的退化和丧失，部分区域的消失速度甚至是热带雨林的 4 倍，因此，它们的修复工作迫在眉睫（Nellemann *et al.*，2009）。

如何在快速的气候变化下开展生态修复？

在气候变化的背景下，生态修复应首先着重于维护生物多样性，其次才是减缓和适应气候变化。虽然生态修复工作为应对气候变化提供了解决方案，但气候及其他方面的快速变化也给自然保护地管理者带来了更多挑战，他们需要制定切合实际的、可实现的修复目标。

加拿大班夫国家公园：一头灰熊正在穿越高速公路上方的立交桥（来自加拿大公园管理局）

自然保护地系统的管理人员需要作出战略决策，明确是否对保护地内的生态系统进行干预，如果决定干预，还需确定干预的具体位置和方法。这些决策应基于气候及其相关极端事件可能性的预测（Hobbs *et al.*，2009），并需认识到这些预测的不确定性（见专栏 4）。在一些案例中，退化程度较轻的自然保护地可能成为生态修复工作的优先选择，以此作为维持对气候变化具有弹性的生态系统的最佳策略（Hobbs *et al.*，2011）。而当气候变化对特有物种构成严重威胁时，则有必要在严重退化或受到威胁的自然保护地开展修复工作，以恢复生境并增强生态系统的弹性。此外，生态连通性的恢复也是至关重要的（Beaumont *et al.*，2007）。本书就这些问题提出了建议，特别是在第 5 章有关生态修复目标设定的讨论中。

专栏 4

修复的概念
历史信息在快速变化条件下设定修复目标中的作用

　　生态修复常以历史信息作为重要参照，依据退化前的状态来设定修复目标（参见第 5 章阶段 2.2 小节中确定的参照生态系统）。依据历史信息确定具体目标的有效性取决于许多因素，包括场地条件、历史信息的可用性、受损类型和修复目标。此外，历史生态系统条件的恢复正日益面临快速的环境（气候）、生态（物种入侵）和文化（价值观的转变）变化所带来的挑战。

　　在某些情况下，基于历史信息设定的参照可能不足以支撑生态修复项目设定切合实际的目标（SER，2010；Seabrook *et al.*，2011；Thorpe and Stanley，2011；Hobbs *et al.*，2011）。例如，当环境条件发生显著变化，基于历史参照而设定的任何措施不再适用于新的生态系统时，生态干预的目标应转向确保现有生态系统的生物多样性及生态系统服务得到维持和恢复，并防止其进一步退化（Hobbs *et al.*，2011）。

以上研究发展体现了在快速变化的条件中新兴的环境管理策略。然而，这并不意味着应将新的生态系统视为自然保护地修复的目标。应该牢记几个要点，尤其是环境和生态变化的影响在陆地景观和海洋景观中的分布并不均匀，且在局域和区域尺度上可能出现显著差异。因此，一些自然保护地可能对变化具有一定的抵抗力，以历史信息确定的目标为导向进行修复仍具有意义。即使在某些情况下，新的生态系统（涉及新物种组合）被认为是必要或可取的，历史信息作为制定修复目标的参考背景和约束条件，也可能更加重要。

无论历史知识在多大程度上被用作目标设定的基础，它都将在修复工作中发挥关键作用。例如，它有助于深化我们对分布范围的变化、物种间相互作用和适应能力的认识。

不确定性和适应性管理

气候变化使得生态系统修复工作面临更多的不确定性。虽然我们设定的生态修复总体目标可以是长期持久的目标，但具体目标必须保持灵活性。因为在规划阶段看似可行的目标，在实施过程中可能会变得难以实现（Hobbs *et al.*，2010）。同时，新的或未预见的方案也可能随之出现。因此，自然保护地管理者应采取适应性管理，定期评估，并根据最新的科学认知调整目标和管理决策。适应性管理的概念对于生态修复至关重要（见第 5 章），尤其是在快速变化的环境中，这一点尤为重要。

恢复连通性

为了加强孤立保护地之间的联系，可能需要在保护地边界之外开展修复工作，这是连通性保护的实际应用（Worboys *et al.*，2010a）。这通常通过建立大型的生态廊道来实现。大型生态廊道的连通性保护可分为如下几个：景观连通性，植被在空间上的连续性；栖息地连通性，关注特定物种栖息地需求的连通性；生态连通性，侧重于促进生态系统功能的连通性；进化过程连通性，强调为物种存续保留机会（Worboys *et al.*，2010a）。因此，人们需要对生态廊道进行积极的管理，以维持其完整性，妥善应对威胁，并恢复关键的生态联系。修复的优先次序通常以廊道的战略计划为指导，在理想情况下，该计划需要得到物种生物学和区域生态学等专家的科学指导（Aune *et al.*，2011）。在更广阔的陆地景观或海洋景观中，在下文列举的几种情况下，连通性的恢复可能更为重要，同时还要认识到这些情况在现实中不太好区分（Soulé and Terbourgh，1999）（图 2-2）。

a. 毗连或环绕自然保护地的缓冲区。将自然保护地嵌入陆地景观或海洋景观中，以便更好地支持保护。例如，与林业公司建立联系，封锁自然保护地

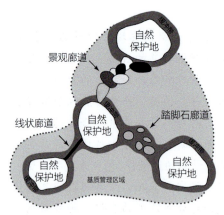

图 2-2　连接陆地生态系统的备选方案

来源于 Worboys 等（2010a）和 Bennett（2004）的文献

周边通往伐木特许经营区的道路，或与农民协商改种能够提供遮阴场所的咖啡树，为林鸟提供觅食机会（Ricketts *et al.*，2004）。

　　b. 连接自然保护地之间的廊道。为物种移动提供空间，促进遗传交换和种群迁移，以便适应气候变化。例如，与服务供应商、房地产开发商、森林经营者或农民合作，确保连接树木或其他适宜植被的廊道得以修复。虽然多数的廊道分析都是基于现有的栖息地，但生态恢复学家能够评估并确定修复退化区域所需采取的行动，从而在此类分析中为恢复连通性创造更多的可能性。

　　c. 连接自然保护地之间的生态踏脚石（通常这些是廊道的一部分）。确保哺乳动物、鸟类和昆虫在迁徙途中有休憩和觅食的场所，保障它们的安全迁徙。

廊道修复行动可能包括为迁徙水鸟恢复（或营造）湿地或芦苇生境，或在遭到毁伐的森林景观中恢复食物来源或休憩场所。

　　d. 景观镶嵌体：将各种栖息地整合成一个稳定且功能更完备的生态系统。这需要在更大尺度上规划，确保生态系统中没有重要元素的缺失，并在必要时进行修复。基质条件对连通性的作用愈发重要。

　　连通性保护的目标给生态修复带来了更多的挑战，这通常需要自然保护地管理者与外部合作，包括其他管理者、社区和土地所有者，尤其是那些负责土地和水资源利用规划与决策的当局。在实践中，生态修复的成败往往取决于社区和利益相关者的参与程度。利益相关者对生态修复项目的支持往往是通过利益相关者的参与、对成本与收益的坦诚说明，以及随着时间推移发展的人际关系逐步建立起来的（Bennett and Mulongoy，2016）。在保护地外，与更广泛的合作伙伴合作时，可能更倾向于采用相对简单的生态修复指标，如植被结构，而不是生态完整性这样的复杂指标。一般来说，致力于恢复目标栖息地的结构、功能和组成，并移除或克服移动障碍（如水坝、高速公路和高密度开发设施），有助于提升陆地景观和海洋景观的连通性。此外，生态修复的成效也可以作为评估更大尺度生态廊道管理有效性的一个关键指标。

第 3 章

自然保护地生态修复的基本原则和指导准则

本章介绍自然保护地生态修复的基本原则和指导准则。

对于自然保护地，有效的生态修复旨在重建并维持自然保护地价值。

◆ 在不造成破坏的前提下，首先确定主动修复的最佳时机。

◆ 重建生态系统的结构、功能和组成。

◆ 最大限度地提高修复行动对增强生态系统弹性的贡献（如应对气候变化）。

◆ 恢复自然保护地内外的连通性。

◆ 鼓励并重建传统文化价值观和习俗，以促进自然保护地及其周边区域的生态、社会和文化的可持续性。

◆ 通过研究和监测，包括利用传统生态知识，最大限度地提高修复的成功率。

对于自然保护地，高效的生态修复旨在减少时间、资源和精力投入的同时，最大化修复的效益。

◆ 从系统到局域尺度上，考虑生态修复的总体目标和具体目标。

◆ 确保长期的能力与支持，以持续维护和监测生态修复。

◆ 在促进自然保护目标达成的同时，提升保护地的自然资本和生态系统服务。

◆ 为依赖于自然保护地的土著人民和当地社区提供可持续生计。

◆ 整合并协调国际发展政策和规划。

对于自然保护地，参与式的生态修复旨在与合作伙伴和利益相关方合作，促进广泛参与和提升访客体验。

◆ 在生态修复规划、实施和评估的过程中，与土著人民和当地社区、邻近的土地所有者、公司企业、科学家以及其他合作伙伴和利益相关方合作。

◆ 协作学习和能力建设，促进各方对生态修复各项行动计划的长期参与。

◆ 有效沟通，为生态修复的全过程提供支持。

◆ 通过参与生态修复并体验其成果，为公众和利益相关方创造丰富的体验，增强他们对自然保护地的归属感和责任感。

本章确定自然保护地生态修复的 3 个**基本原则**和 14 个**指导准则**。同时，第 4 章的**最佳实践方法和技术**以及第 5 章**推荐的实施流程**为本章节内容提供了补充，这些均借鉴了世界各地自然保护地修复方面的知识和实践经验（见第 6 章的案例）。

自然保护地生态修复的基本原则：有效的、高效的、参与式的

为确保生态修复的成功，需遵循以下 3 个基本原则。

a. 首先，生态修复应该是有效的。对于自然保护地，有效的生态修复旨在重建并维持自然保护地的价值。

自然保护地生态修复的主要动机是希望或需要恢复其自然价值及其相关的文化价值，这些价值与生态系统的结构和功能相关（即生态完整性的基本要素）（Higgs and Hobbs，2010）。生态修复的目标是基于自然保护地的初衷和管理目标，这些目标多在管理规划中有所描述，或在社区保护地的传统知识中得以体现，并体现在自然保护地的管理类别中。除了自然价值，生态修复还可以恢复相关的文化价值或习俗，如文化遗产价值、娱乐、美学、休憩体验或精神价值。为实现生态修复的目标，还需要关注退化的根本原因，把握与人类认知和文化习俗相关的修复机会，并开展周密的监测，便于总结经验并促进适应性管理。

b. 其次，生态修复应该是高效的。对于自然保护地，高效的生态修复旨在减少时间、资源和精力投入的同时，最大化修复的效益。

生态修复可能复杂且成本高昂，但早期采取行动从而预防、遏制或逆转生态系统退化，远比退化严重时的干预更为高效。此外，生态修复不仅能达成保护目标，还能带来诸如气候变化的适应和减缓、文化复兴和存续、社会经济福祉等多重效益，部分效益还能转化为直接经济收益。有证据表明，如果将这些效益也核算在内，精心策划的、合理的修复在投资回报方面可实现较高的效益成本比（Neßhöver et al.，2011）。因此，自然保护地的高效生态修复旨在不偏离保护目标的同时，最大化生态、社会经济和文化效益，并且尽可能降低成本。这可能需要根据当地确定的标准来明确修复工作的优先次序。

c. 最后，生态修复应该是参与式的。对于自然保护地，参与式的生态修复旨在与合作伙伴和利益相关方合作，促进广泛参与和提升游客体验。

合作伙伴和利益相关方之间的合作与支持是修复成功的长远基础，尤其是当自然保护地内有常住或当地土著人民和/或社区的情况下（Egan et al.，2011）。一些国家有法律要求（如 SCBD，2004），在传统社区和土著人民领地上开展项目，需要事先征得他们的知情同意。在生态修复的过程中，让合作伙伴和利益相关方参与规划、实施及彼此互相学习，能够增强其"归属感"并建立信任，从而为生态修复工作赢得支持者（Hill et al.，2010）。传统生态知识可以提供宝贵的实践方法和信息（Berkes et al.，2000）。认真倾听并积极采纳建议，有助于最大化

社区利益，识别潜在问题，并让公众参与生态修复和监测，从而重建他们与自然的联系（Gann and Lamb，2006）。通过激发包括自然保护地访客在内的人们的热情，生态修复工作可以建立伙伴关系，减少生态退化，并促进实现更广泛的自然保护地和生物多样性的保护目标。

一系列的指导准则和示例为上述原则提供了支撑，并提供了在实践中诠释这些原则的细节。

原则1：有效重建和维护自然保护地的价值

为了提高有效性，自然保护地的生态修复应该遵循以下准则。

准则1.1： 在不造成破坏的前提下，首先确定主动修复的最佳时机。在作出生态修复决策，包括是否采取行动、何时行动以及如何行动时，需要谨慎行事；由于生态修复项目的失败率很高，有时不干预才是上策。需要考虑以下3个方面的问题：①是否有必要进行主动修复，如仅消除外界压力是否可以实现自我恢复（Holl and Aide，2011）；②从实际操作、成本和社会角度来看，修复是否可行；③是否存在潜在的严重负面影响，这需要进行详尽的影响评估。轻率的干预可能造成意想不到的间接后果或长期后果（Suding *et al.*，2004）。例如，海蟾蜍（*Bufo marinus*）曾于1935年被有意引入澳大利亚，以防控甘蔗甲虫对昆士兰州北部甘蔗作物的破坏。但此举导致海蟾蜍因缺乏自然天敌而迅速繁殖扩散，目前被认为是导致当地肉食性有袋动物袋

美国西湖公园：1989年、1991年和1996年的红树林修复项目照片。在恢复水文后，红树林自我恢复并重新定植在该区域［来自罗宾·刘易斯（Robin Lewis）］

鼬和多种蛙类数量下降的因素（CSIRO，2003）。

准则 1.2：重建生态系统结构、功能和组成。 当生态系统结构或功能的某个指标低于预定的阈值时，则需要开展生态修复（见第 5 章）。一般，生态修复旨在尽可能地重建一个能继续发挥功能作用的生态系统，其物种多样性和相互作用应符合该区域的地理、地质和气候特征。修复后的生态系统可能恢复至历史状态，或形成一种与文化联系的镶嵌体，抑或适应气候变化而演变成新的生态系统。生态修复的干预程度、时间周期和方法取决于生态系统退化的程度（见第 2 章）。在一些情况下，简单的管理方式调整，如提高入侵物种的消除频次，就可能足以实现修复目标。而更复杂的退

化情况，则可能需要实施具体的生态修复干预，如重建生境或重新引入物种。对于严重退化的生态系统，可能需要先恢复土壤质量等非生物属性，之后才能着手生物群落的修复。关于恢复目标是恢复历史生态系统还是反映当前和预期的变化，必须根据具体情况而定（见第 5 章）。

准则 1.3：最大限度地提高修复行动对增强生态系统弹性的贡献。 自然保护地的生态修复越来越重视重新构建具有弹性的生态系统，使其能够耐受和适应包括气候驱动在内的快速的环境变化。同时，生态修复工作也旨在增强生态系统的弹性，避免其"跨越"关键的生物或非生物阈值，即生态系统转变为难以恢复或不可恢复的状态，导致生态系统

沙特阿拉伯图玛玛（Thumama）自然公园：通过种植和灌溉，植被得以恢复 [来自奈杰尔·达德利（Nigel Dudley）]

专栏 5

修复的概念
弹性

　　弹性是指生态系统在经历变化时吸收干扰并自我重组的能力，从而仍然保持其基本相同的功能、结构、特征和反馈能力（Walker *et al.*，2004）。生态系统对变化的抵抗力是其弹性的重要组成部分。生态修复行动，如重建自然水文循环（Dyson *et al.*，2003）、清除入侵物种，以及提供自然保护地之间的迁移/扩散廊道，都有助于维持基因库的多样化和长期演化来增强其弹性（Walker *et al.*，2004；Elmqvist *et al.*，2003）。此外，在制定旨在维持和恢复弹性的生态修复策略时，还需要考虑有效的生态种群大小、遗传和功能多样性、高度互作物种的密度、生态群落对极端事件的耐受性以及微地形多样性等因素（Meretsky *et al.*，2006；Gilman *et al.*，2010）。

面临崩溃的风险。生态修复的目标可能因生态系统的弹性差异而有所不同，对于弹性较强的区域，修复工作旨在恢复和维护其作为气候变化庇护所的功能（Ashcroft，2010）；对于弹性较弱的区域，则可能致力于促进其向新的生态系统演变。在许多情况下，气候变化正与土地利用的变化、不可持续的资源利用、外来物种的入侵等其他压力并存，这些问题也需要得到解决。在自然保护地系统层面上，弹性导向的策略可能会改变生态修复项目的优先次序。例如，传统上，严重退化的生态系统可能是优先修复的对象。然而，在环境快速变化的背景下，更有效的策略则可能集中于提升退化程度较轻的生态系统的弹性。

　　准则 1.4： 恢复自然保护地内外的连通性。连通性在许多方面发挥着重要作用，如扩大生态系统的功能范围、促进基因交流、保障物种能够在其周围生态系统发生变化时迁移到适宜的栖息地，以及为物种间的相互作用和进化过程创造条件。为了加强连通性，自然保护地的规划和管理应基于相应的生态系统方法，并考虑对环境变化敏感的土地和水资源的管理策略。修复项目不仅可以提高自然保护地核心区的价值，而且可以通过以下方式加强自然保护地之间的连通性：建立缓冲区和地役权；减少自然保护地内外的生境破碎化；重建迁徙廊道；保存植物繁殖和定植的种源；保留定栖物种的避难所；减少边缘效应；提升对干扰的适应能力（Worboys *et al.*，2010a）。

　　准则 1.5： 鼓励并重建传统文化价值观和习俗，以促进自然保护地及其周边区域的生态、社会和文化的可持续性。

在进行生态修复时，需要考虑那些会影响自然保护地及其自然价值的文化价值和习俗。这些价值和习俗通常是交织在一起的。一些传统的、生态可持续性的人类活动已经深刻地塑造了某些生态系统，使得文化习俗与生态完整性相辅相成。在这种情况下，有效的生态修复可能需要恢复这些文化习俗。然而，有时文化价值（包括文化遗产价值）和习俗与自然价值之间，或者不同文化价值和习俗之间可能会出现冲突。加之气候变化等新的威胁，可能会改变我们对自然资源的需求和利用方式，从而给本已脆弱的生态系统带来新的挑战。在这些冲突存在的情况下，如社区对自然保护地的依赖性（如生计需求）导致或加剧生态系统退化，深入了解冲突的根源将有助于解决冲突，并最终提高修复工作的成效。

准则 1.6： 通过研究和监测，包括利用传统生态知识，最大限度地提高修复的成功率。经验表明，有效的研究和监测是成功实现适应性管理的关键。长期积累的准确监测数据为衡量目标实现的进展，以及在项目周期内进行必要的调整提供了关键信息。此外，这些翔实的监测数据记录也可能有助于未来项目的规划。在气候变化的背景下，拥有扎实的知识显得尤为重要。监测在多个关键领域起着至关重要的作用：它能揭示生态系统的长期变化，识别变化可能引发的生态后果，并辅助决策者选择最佳的管理策略。此外，监测还可用于确定基线状态，以了解当前的变化范围，并跟踪随时间推移而发生的积极和消极变化。

原则 2：力求减少时间、资源和精力投入的同时，最大化修复的效益

为了提高效率，自然保护地的生态修复应该遵循以下准则。

准则 2.1： 在确定修复行动的优先次序时，要考虑从系统到局域各尺度的生态修复目标。由于面临着多重压力，以及需要顾及不同利益相关方和合作伙伴的利益与关切，自然保护地管理者需要有一个明确的目标来确定生态修复行动的优先次序。确定优先次序应综合考虑多种因素，包括但不限于：广泛的保护目标；大规模自然过程（如火灾、洪水）的需求；资源是否面临永久性丧失的紧迫风险；预测哪些行动可以避免连锁的负面效应，从而节省大量精力；在不同尺度上评估生态修复行动的风险；修复项目对社会或文化目标的潜在贡献，如在提升生物多样性的同时，增加人类的福祉。可选择的管理策略广泛，涉及从预防不利变化而进行的管理到积极适应变化而进行的管理。

准则 2.2： 确保生态修复维护和监测的长期能力与支持。保护地的生态修复需要投入时间、资金和精力。如果生态修复过程中半途而废，不仅会造成前期工作付诸东流，还可能加剧入侵物种等生态问题。通过实施一个健全的长期规划流程，其中包括对生态修复活动的实施能力和资源保障进行严格评估，同时实施有效的长期监测，可以最大限度地降低风险（见第 5 章）。

准则 2.3： 在促进自然保护目标达

冈比亚牛米国家公园：当地社区正在种植幼苗，以恢复被侵蚀的沙丘［科琳·科里根（Colleen Corrigan）］

成的同时，提升自然保护地的自然资本和生态系统服务。千年生态系统评估（2005 年）和生态系统与生物多样性经济学（TEEB）[1]等研究已经强调了管理完善的自然保护地所带来的多重效益和生态系统服务。突出这些价值不仅能够提升人们对生态修复效益的认识，还有助于为自然保护地的修复工作筹集更多的资金。例如，在减少森林砍伐和由森林退化造成的温室气体排放（REDD+）等减缓气候变化的计划下，预计会有更多的资金流向以碳汇为重点的生态修

复、植树造林或再造林工作中，这些项目可以在自然保护地内实施（Angelsen，2009；Nellemann and Corcoran，2010；Alexander et al.，2011）。将生态系统服务测量和评估纳入生态修复项目，可能需要开发市场机制或其他方法，以实现生态系统产品和服务的效益（ITTO，2002；Aronson et al.，2007）。此外，还可能需要相关的业务培训和技能提升，以培养创业精神（Murali，2006）。然而，尽管与生态系统服务相关的修复目标非常重要，但相比自然保护地的保护目标，这些目标仍然是次要的。我们必须确保在追求生态系统服务供给的同时，不会在无意中破坏自然保护工作。设计良好的项目能够实现生态保护和生态系统服务供给的双赢。

准则 2.4： 为依赖自然保护地的土著人民和当地社区提供可持续生计。精心策划和执行的生态修复项目通过恢复生态系统服务，如可持续地获取可用于交易或销售的自然资源，或在生态修复活动中提供就业机会（Calmon et al.，2011），有助于保障土著人民和当地社区的生计安全（Fisher et al.，2008）。此外，那些能支持当地社区发展替代生计的生态修复项目可以减少对自然保护地的干扰和压力（Brandon and Wells，2009）。社区参与生态修复行动能够增强他们自身的适应能力和技能，从而更好地规划未来。土著人民和当地居民深谙的传统资源管理方法在生态修复中的应用也会达到事半功倍的效果。

① http://www.teebweb.org/

准则 2.5：整合并协调国际发展政策和规划。除了生态效益，自然保护地的生态修复还会带来社会和经济发展的多重协同效益。因此，鼓励发展机构和非政府组织将自然保护地内外的生态修复工作纳入各种项目，可以作为解决包括健康、废物管理、供水、减灾和粮食安全在内的各种发展挑战的政策选项。生态修复项目可以跨部门合作，以解决贫困和其他社会问题，从而为自然保护地及其生态修复赢得更广泛的支持。

原则 3：与合作伙伴和利益相关方合作，促进广泛参与和提升访客体验

为了提高参与度，自然保护地的生态修复应遵循以下准则。

准则 3.1：在生态修复规划、实施和评估的过程中，与土著人民和当地社区、邻近的土地所有者、公司企业、科学家以及其他合作伙伴和利益相关方合作。生态修复意味着对土地资源、水资源和其他自然资源的无限期、长期承诺，并且通常需要我们主动停止导致生态退化的活动。因此，经多方协商形成的集体策略，相对于单方面决策，更能确保生态修复工作在长期的时间跨越和政治变革中得到贯彻执行与维持。在规划和决策生态修复如何实施的过程中，应尽早开始与各利益相关方的合作。合作伙伴和利益相关方的参与应合法、真实和平等，并且要与修复活动影响的空间范围相匹配。监测计划还应包括对合作伙伴和利益相关方参与计划的有效性和效率

越南顺化附近的社区保护地：恢复当地社区森林的多种功能 [来自奈杰尔·达德利（Nigel Dudley）]

加拿大皮利角国家公园：通过栽种幼苗来修复濒危的沙嘴稀树草原（来自加拿大公园管理局）

美国卡纳维拉尔国家海岸：在莫斯奇托潟湖牡蛎礁修复项目中，合作伙伴在修复后的牡蛎礁上记录活牡蛎数量，以此作为衡量修复成功的指标之一（第 6 章案例研究 12）[来自安妮·P. 伯奇（ Anne P. Birch ），大自然保护协会]

的评估。

准则 3.2： 协作学习和能力建设，促进对生态修复各项行动计划的长期参与。持续互惠的学习可以激发自然保护地管理者、生态修复从业者、合作伙伴和利益相关方之间的合作。当地社区、合作伙伴和利益相关方可能需要掌握新的知识和技能，以便为生态修复行动作出贡献。对于一些社区，获得可推广的知识和技能将增强他们对自然保护地管理的责任感。自然保护地管理者和生态修复从业者也将通过积极倾听这些社区持有的观点、优先事项，以及本土和传统知识，

获得新的信息和见解。如果自然保护地和当地社区在将来其他类似的实践中仍能够运用这些拓展的经验、知识和技能，那么这些经验、知识和技能就是有价值的。

准则 3.3： 有效沟通，为生态修复的全过程提供支持。针对访客、当地社区和其他对自然保护地感兴趣的群体，开展定期交流和宣传教育活动，有助于建立和维护公众对生态修复工作的支持。如果将合作参与（ **准则 3.1** ）和互动学习（ **准则 3.2** ）融入沟通工作的规划与监管中，则沟通交流将更为有效。

准则 3.4: 通过参与生态修复并体验其成果,为公众和利益相关方创造丰富的体验,增强他们对自然保护地的归属感和责任感。成功的生态修复活动建立在有意义的公众参与和游客体验的基础上,这有助于人们与自然保护地建立更紧密的联系[①]。生态修复活动为个人提供了丰富的机会,让他们探索和体验逆转生态退化的各种可能,并从中受到启发。这种社会学习通过改变人们的行为,对社会福祉和生态可持续性作出显著贡献(Reed *et al.*,2010),并有助于优化自然保护地的管理。此外,提供更多机会让游客体验健康的、修复后的自然保护地生态系统,可以促进他们对自然保护地的长期拥护和支持。

[①] 译者注: 即所谓的地域归属感,情感上深刻认同自然保护地的生态意义和价值,支持自然保护地的保护行动

第 4 章

最佳实践

本章通过介绍最佳实践对生态修复的基本原则和指导准则加以补充。每个最佳实践都有一个实例来进行阐释。在第 5 章中讨论的项目规划和设计阶段，应该选择适用于特定项目的最佳实践。

要点

◆ 识别导致退化的主要因素——如果不解决根本问题，开展修复工作可能是徒劳的。

◆ 设定明确的具体目标——以"原始的"或"干扰前"的状态为目标可能并不合适，特别是在快速的环境（如气候）变化情况下。

◆ 确保所有利益相关方和合作伙伴参与生态修复规划及实施的过程，促进他们参与和分享学习，从而有助于获取可推广的知识、提升游客的体验感和宣传修复的成效。

◆ 认识到生态修复的某些目标或动机可能会存在冲突，需要相互协作以确定它们的优先次序。

◆ 明确生态修复目标的时间期限。

◆ 评估气候变化及其他大尺度变化对生态修复可行性和持久性的潜在影响，并努力增强其弹性。

◆ 确保监测涉及所有的修复目标，并覆盖实现这些目标所需的过程。

◆ 利用监测结果和其他反馈信息进行适应性管理。

◆ 在恢复物理化学和水文条件的同时，尽可能恢复生态系统功能。

◆ 考虑自然资本、生态系统服务、减少灾害风险以及减缓和适应气候变化。

◆ 识别生态修复项目潜在的负面影响，并尽可能采取行动控制或减少这些影响。

◆ 识别并在可能的情况下控制影响修复工作的外部因素，如污染。

本章具体的最佳实践将为直接参与自然保护地修复的管理人员和其他人员提供指导，指导他们如何在实践中应用这些原则和指导准则。对于每一种情况，最佳实践都通过一个简短的例子加以阐明，并根据需要与更详细的案例研究（第6章）或生态修复过程的不同阶段（第5章）联系起来。

原则1：有效重建和维护自然保护地的价值

准则1.1：在不造成破坏的前提下，首先确定主动修复的最佳时机

最佳实践1.1.1："不损害"的修复

生态修复是一个昂贵且耗时的工程，若管理不当，修复本身可能会对生态系统造成进一步破坏。良好的自然保护地管理的首要任务是消除现有压力，避免生态系统退化；在许多情况下，消除现有压力就已足够，不需要进一步的人工干预。通过最佳实践，可确保资源不会投入不可行或非必要的修复工作中，同时避免修复工作带来意外的、负面的影响。

a. 任何修复工作的决定都需要有确凿的证据，即证明确实存在生态退化，并且自然保护地的价值无法通过自然过程恢复。

在德国拜恩林山国家公园，暴风雨和随后的树皮甲虫侵袭对森林造成了破坏。面对这一情况，管理人员选择不干预策略，而是让大自然"顺其自然"，

促进了森林的自然再生，而且增加了物种多样性，也丰富了森林的结构（**见专栏12**）。相反，在塞内加尔迪亚林国家公园，大坝的建设中断了塞内加尔河下游三角洲的自然洪水径流。在这种情况下，实施生态修复需要数据收集、建模以及监测工作来支撑。**参见第6章案例研究6**及**第5章中的阶段1.1和阶段2.1的内容**。

b. 采取预防措施，避免修复过程造成意外损害。在加拿大海湾群岛国家公园保护区开展莱尔溪的水文功能和鱼类栖息地修复之前，研究人员进行了环境评估（EA）。环境评估过程有助于确定项目实施和缓解措施，确保在敏感的溪流栖息地中（实施修复过程中）开展涉及重型设备作业时，不会对环境产生不利影响（Parks Canada，2011b）。**参见第5章中的阶段2.2的内容**。

准则1.2：重建生态系统结构、功能和组成

最佳实践1.2.1：通过改进生态系统管理促进修复

在自然保护地内，对于那些相对未受干扰的生态系统，通过改进管理措施，如恢复生态系统中关键的火灾和洪水等自然干扰、清除有害的入侵物种以及调整访客活动模式，可能足以恢复生态系统的结构、功能和组成（如在跨越第2章**图2-1**所示的生物屏障之前）。这种最佳实践适用于那些基本健康的自然生态系统，它们可能需要一些功能的调整来

恢复生态系统的完整性，或者在面临物种失衡（因入侵物种或本地物种的数量过多）引起各种问题时采用。

1.2.1.1 退化后的修复

a. 当保护地面临的其他因素（如有害物种入侵）不太可能导致进一步退化时，可以允许其自然恢复；反之，若存在其他的现存因素（如过度放牧）可能阻碍自然恢复，则应采取管理措施以预防其影响。

在新西兰科罗曼德尔森林公园，澳洲贝壳杉（*Agathis australis*）经历了高达 99.5% 的面积减少后，残留林正在进行自然再生（Taylor and Smith，1997）。尽管这些森林将需要数个世纪才能恢复到原始成熟林的状态，但这种自我恢复过程的成本较低。

b. 在可能的情况下，恢复火灾和洪水等自然干扰，模拟其在自然界中的严重程度和发生频率，如减少火灾的抑制所带来的影响。

加拿大库特尼国家公园通过模拟土著人民传统的焚烧方式，实施了控制性的火灾，这不仅有助于恢复加拿大盘羊的开阔森林越冬栖息地，还减少了它们在邻近社区路边活动所带来的潜在风险（Dibb and Quinn，2006）。

在英国，为了维持草地生境，在自然食草动物缺失的情况下，人们引入了小型马。例如，在萨福克郡的斯内普沃伦（Snape Warren），通过绵羊和埃克斯穆尔小型马的协助，成功重建了英国最稀有的栖息地——稀有低地荒原[①]。

c. 适应性地调整修复干预措施，以识别并利用自然干扰的时机与影响，如海水倒灌、天气事件、昆虫暴发等。

在澳大利亚春溪（Springbrook）国家公园，一些修复活动的时间安排与厄尔尼诺南方涛动周期有关。**参见第6章案例研究11**。

d. 针对生态或经济价值高的物种，当其种群数量因自然保护地内外的人类活动而下降时，可考虑设置"禁捕区"以促进种群的恢复，同时还可确保自然保护地范围外的可持续捕获。

德国拜恩林山国家公园：游客受邀观察作为"生态系统工程师"的风暴破坏和昆虫如何影响山岳云杉林的演变 [来自汉斯·基纳（Hans Kiener）/ 拜恩林山国家公园]

---

① http://www.rspb.org.uk/reserves/guide/s/snape/about.aspx

以越南的占婆岛（Cu Lao Cham）国家公园为例，这是一个岛屿型的海洋保护区，保护区工作人员与当地社区合作，共同商定设立"禁捕区"，旨在解决重要经济鱼类种群数量严重下降的问题。目前，鱼类的种群数量已有所回升。保护区管理人员希望利用这一变化作为积极证据，说服社区进一步扩大"禁捕区"的覆盖范围。

澳大利亚春溪雨林项目：来自南非和马达加斯加的蓝星鸢尾（*Aristea ecklonii*）是一种新出现的、潜藏威胁的耐阴杂草，它们正在侵入未受干扰的栖息地。这种植物具有密集丛生、遮光习性，其根茎生长旺盛，能迅速扩散至大面积区域，难以控制，最终可能导致整个森林系统的更替（第6章案例研究11）[来自基斯·斯科特（Keith Scott）]

1.2.1.2 自然扰动和干扰后的修复

a. 在火灾、风、洪水、地壳运动和潮汐涌浪等自然干扰之后，允许并协助自然再生。

保留森林中的枯立木和倒木可以恢复鸟类、昆虫和真菌的微生境（Cavalli and Mason, 2003），并重建养分循环。在法国的保护区内，大型风暴的影响使得森林生态系统更加自然，如枯木比例更高、断枝更多以及树龄结构更多样（Vallauri, 2005）。

b. 只有当自然扰动带来严重威胁时才进行干预。这些威胁可能包括：①对特别重要的物种和栖息地构成威胁；②对当地社区造成影响；③危及保护地工作人员或访客的安全。

在美国纽约州的阿迪朗达克（Adirondack）公园，35 000 hm² 的森林保护区受损。在这种情况下，当地并未清理伐木，而是仅对道路、小径和露营设施进行清理，这一做法进一步强化了"永久野生"政策（Vallauri, 2005）。

c. 当自然干扰使生态系统更容易受到人类影响时，酌情通知公众、利益相关方并暂时限制公众访问。

在澳大利亚西南部，火灾带来的植被损失导致地表水文发生变化，也使徒步旅行者更容易进入该区域，这增加了感染风险[如樟疫霉（*Phytophthora cinnamomi*）]以及通过徒步旅行者的靴子引入入侵物种的概率[来自2010年与约翰·沃森（John Watson）的私下交流]。

1.2.1.3 控制外来入侵物种

a. 首要目标是预防外来入侵物种的引入，具体方法包括：①通过宣传来影响访客的行为，避免外来入侵物种的扩散；②尽量减少可能导致外来入侵物种扩散的干扰；③在修复期间避免外来入侵物种的引入和扩散；④采取措施，以确保保护地内外及相互之间增加的连通性不会为外来入侵物种创造扩散通道。

在帕劳，"杂草清除行动"（Weed-busters Campaign）每年都会举办"入侵杂草清除"活动，旨在控制入侵物种的扩散并提高公众对微甘菊等外来入侵物种的认识。该活动还制作了一本描述 11 种目标管理物种的小册子（Shine et al.，2002）。在韩国，外来物种刺槐（Robinia pseudoacacia）在城市区域外的扩散与人类活动干扰密切相关（Lee et al.，1994）。然而，在未受干扰的自然环境中，刺槐最终会被本地物种所遮蔽和取代（Aronson et al.，1993）。

b. 认识到大规模的全球性变化正导致外来入侵物种扩散到自然保护地，虽然这可能是生态修复的重点，但并非所有外来物种都可以被防范或根除。

在新西兰，外来哺乳动物如负鼠、白鼬和老鼠的入侵现象极为普遍，以至于在国家公园也难以彻底根除。因此，护林员和志愿者转而采取了诱捕的策略，在公园内划定并维护安全区域，旨在为那些受到威胁的本土地面筑巢鸟类提供一个安全的繁殖和育雏环境（Parkes and Murphy，2003）。

c. 集中精力管理有害的外来物种，如那些与生态重要性高的本地物种发生竞争或改变生态过程的外来物种。

在威尔士的斯诺登尼亚国家公园，有超过 100 种的外来植物，但管控工作主要集中在极具入侵性的彭土杜鹃（Rhododendron ponticum）和日本虎杖（Fallopia japonica）上。对于大多数岛屿国家，特别是澳大利亚，需要考虑的一个重要因素是外来入侵物种在抑制生态结构和功能方面的关键作用。研究发现，建立围栏以隔离掠食性物种可能是生态修复的重要组成部分。例如，在西澳大利亚鲨鱼湾世界遗产地的佩伦半岛，当地建造了一条围栏，横跨半岛基部，以隔离造成本土物种灭绝的野生物种。这个被称为"伊甸园"的项目正在进行中[①]。

d. 优先管理外来入侵物种的策略包括：①尽可能消除新出现的外来入侵物种；②根除或控制现有的外来入侵物种；③忽略那些对自然保护地价值没有显著影响的外来物种；④认识到消除外来物种的潜在负面影响。

在美国佛罗里达州夏洛特港保护区州立公园的小松岛上，通过采取措施使蚊子的滋生地干涸，成功破坏了外来植物占据的淡水、咸淡水和咸水生境，这些外来植物曾取代本土植被。在 800 多公顷的土地上消除了以下外来树种的虫害：五脉白千层（Melaleuca quinquenervia），木麻黄（Casuarina equisetifolia）和巴西胡椒木（Schinus terebinthifolius）。填平运河恢复了淡水系统和潮汐流动。最终休眠的本地种子萌发，促进了生物多样性的恢复，形成了一个生态平衡、野生动植物丰富的生态系统（Erwin，未注明日期）[②]。

---

① http://www.sharkbay.org/PE_future.aspx
② http://environment.com/index.php/featured-projects/florida/little-pine-island-regional-wetland-mitigation-bank/

e. 考虑使用非入侵性本地物种的方式来替代或控制外来入侵物种，如可以选择那些与外来物种在演替阶段和生活史特征上相似并且能够与之竞争的本土物种。

在罗德里格斯岛，毛里求斯野生动物基金会在格兰德·蒙塔涅（Grande Montagne）自然保护区、安斯·奎托尔（Anse Quitor）自然保护区分别恢复了 13 hm² 和 8 hm² 的原生林，它们现已成为岛上最大的连片原生林，有助于阻止入侵植物的扩散（Payendee，2003）。

f. 如果需要控制，应尽可能采用模拟自然过程的方法，如管理放牧强度，通过遮蔽抑制入侵物种的生长，或者通过考虑多物种间的相互作用来保护自然天敌。

在巴西南部，人们通过适当选择和种植生长快速、树冠茂密的本地物种，以遮蔽的方式控制了来自非洲的入侵种臂形草属草种的发展（Ferretti and de Britez，2006）。

g. 更为主动的控制措施，可以包括机械控制（物理去除入侵物种）、化学控制或生物控制。如果化学或生物控制是必不可少的，则务必遵循最佳实践，以维护人类健康并防止对非目标物种产生不良影响。

2007 年发布的一份全球调查报告显示，全球岛屿上已有 284 例成功根除啮齿动物的案例，这些岛屿大部分是自然保护地。除了两个案例，其余均使用了毒药（Howald *et al.*，2007）。

专栏 6

深入观察
离岸岛屿的入侵物种

离岸岛屿仅占地球表面的大约 3%，却支持着全球约 20% 的生物多样性。自 1600 年以来，大约 64% 的已知物种灭绝发生在岛屿上，而目前近 40% 的 IUCN 受威胁物种依赖岛屿生态系统。外来物种入侵（IAS，这里以动物为主）是岛屿物种灭绝的主要原因，并被认为是当今受威胁物种面临的主要风险。外来入侵物种还通过作为疾病传播媒介和抢食农作物，损害岛屿社区的社会和经济生计。

与大陆地区相比，解决岛屿上外来入侵物种问题的方法相对直接，即根除：使用过去 150 年全球 1000 多个岛屿上采用过的技术，对外来入侵物种进行 100% 的彻底清除。持续的监测已证实，一旦外来入侵物种被消除，岛屿生态系统、经济、本土动植物及其所依赖的生态系统就会恢复。除非人们有意或无意地将其携带回岛，否则入侵动物应该不会再回到岛上。因此，对于频繁有人访问的岛屿或靠近人口密集区的岛屿，可能需要对持续存在的生物安全问题进行投资。

　　根除项目采用了已经用于控制外来入侵物种的技术和工具；但是，根除与控制两者之间存在本质区别，根除的目标是彻底移除最后一只入侵动物，而控制的目的则是减少入侵物种的种群数量。因此，根除项目需要岛屿社区、土地所有者以及利益相关方采用专门的方法进行设计、实施和投资。全球1000 多个成功根除的案例已经形成了一套全球性的指南和原则，适用于所有生物群落。这些原则如下（根据上下文进行了编辑）（Cromarty et al.，2002）。

- 所有动物都可能因根除技术而面临风险，因此，在使用外来入侵物种根除技术时应特别小心。
- 所有的外来入侵动物必须被杀死，要求对其的扼杀速度要比其自身繁殖更新的速度快。
- 外来物种的迁入率必须为零。

　　在进行可行性评估和项目设计之后，有策略地应用这些原则、全面规划、遵守法规和获得许可、有效地进行项目管理，以及熟练使用国际社会广泛使用的多种工具，如灭鼠药和其他类毒药、活捕器、捕杀陷阱等，将外来入侵物种从岛屿上成功移除。这将促进整个岛屿生态系统的恢复，改善人们和社区的生计，并且防止全球濒危物种的灭绝。

北太平洋的巴尔米拉环礁：从空中俯瞰，巴尔米拉环礁由一系列的潟湖、小岛和海湾组成，这些地形地貌给黑鼠根除带来了挑战。诱饵站由 PVC 管制成，用于防止陆地螃蟹接近诱饵（来自岛屿保护组织）

专栏 7

修复的概念
过度繁殖的物种或种群

"过度繁殖的物种"一词是指由于人类因素引起的变化，某些本地物种的种群数量异常增长至非自然水平，从而对生态系统造成了与外来入侵物种相似的破坏性影响。例如，天敌的丧失或人工水源及食物的提供，已导致许多保护地内的食草动物（如袋鼠、鹿、大象）种群过度繁殖。此外，生态系统中物质的额外输入也可能导致过度繁殖现象。例如，污水或肥料中人工营养物质的富集引起水体富营养化，也会导致藻类快速生长。藻类死亡后的分解过程可能消耗大量的溶解氧，进而导致其他淡水生物因缺氧而死亡。因此，旨在减少本地物种数量的管理计划，可能会引起保护地管理者及其合作伙伴和利益相关方的伦理考量。在此背景下，坚实的科学依据（Hebert *et al.*, 2005; Parks Canada, 2008b）以及与访客及其他利益相关方进行的策略性、敏感性沟通，对于确保管理决策得到广泛支持至关重要（见第 5 章阶段 1.3）。

1.2.1.4 过度繁殖种群的管理（见专栏 7）

a. 识别并解决种群过度繁殖的根源问题，如营养盐富集（如藻华）、食物网相互作用的改变、栖息地限制或狩猎动物管理政策。

在澳大利亚，人工水源供给、捕食者的丧失和土著人民狩猎的减少，导致一些袋鼠物种的过度繁殖；综合控制策略不仅关注减少种群数量，也致力于恢复其自然捕食者和整个生态系统。在诸如伊达利亚国家公园等地，人工水源正在被关闭［2012 年与戴维·兰姆（David Lamb）的私下交流］。

b. 采用人道方法控制野生动物，并根据需要借助现有的立法或政策工具。

在加拿大的西德尼岛保护区，政府机构和私人土地所有者将动物保护放在首位，重新设计了一项猎鹿计划。首个获得联邦批准的移动屠宰场将鹿肉加工后供商业餐馆使用，以抵消投资成本，同时将鹿肉、鹿皮、鹿角和鹿蹄提供给当地土著人民。通过该方法，3 年内成功消除了超过 3000 只鹿［2012 年与托德·古伦比亚（Todd Golumbia）的私下交流］。

最佳实践 1.2.2：通过改善物种相互作用进行生态修复

在相对受干扰的生态系统中（通常

芬兰鸟湾生物项目（Lintulahdet life Project）：使用一种特殊的压路机（附在拖拉机上）清理芦苇床，修复沿海草地（第 6 章案例研究 1）[来自伊尔波·霍尔曼（Ilpo Huolman）]

出现生物多样性和生产力的降低），可能对多个生态系统的组分进行调控（如在跨越第 2 章图 2-1 所示的生物屏障之后）。此类干预可能包括重建本地群落或重新引入物种。对于某些系统，如那些正在经历气候变化影响的系统，可能需要接纳新的生物组合或新的生态系统，此时修复工作的重点可能是实现新生态系统的功能、弹性、多样性或其他预先确定的目标。见后文最佳实践 1.3.1。

1.2.2.1　重建本土动植物群落或栖息地

a. 通过扩展和重新连接栖息地，提高数量减少或分布破碎的物种种群的生存能力，并通过提升连通性、建立植被缓冲区和营造多样化生境，促进物种的扩散。

在马来西亚沙巴的基纳巴唐岸河，通过在河沿岸的自然保护地内和自然保护地之间的选定区域重新种植本地树种，重新连接了该地区森林的象种群的栖息地，使它们可以沿河自由活动。

b. 在适宜的空间尺度上恢复自然植被格局，如重新种植本土草地植物的混合群落，以重建蝴蝶等无脊椎动物的传统栖息地。

以芬兰的鸟湾生物项目为例，该项目为稀有的蜻蜓类创造了小型沼泽生境，并在 12 个湿地上为迁徙鸟类重建了开阔的草地。**参见第 6 章案例研究 1、4 和 7。**

c. 考虑栽植对生态系统恢复具有特别重要作用的"框架"或"基础"物种。

在泰国北部的素贴山国家公园，将本土果树重新引入退化的龙脑香树林中，以吸引食果鸟类和灵长类动物（Blakesley and Elliott，2003）。

d. 选择多种物种和基因型组合，以促进其他本土物种的建立并为以下物种提供栖息地：①已经存在于保护地内的物种；②计划迁入保护地的物种；③计划在保护地内重建的物种。

在洪都拉斯的皮科博尼托国家公园，通过在被废弃的热带牧场上种植由两种本土物种构成的"树岛"，提供种子和树冠庇护，加速自然恢复过程（Zahawi，2005）。

e. 集中精力恢复那些对许多森林生态系统功能运行至关重要，并且在维持生态系统功能方面发挥重要作用的强交互性物种，包括捕食者、传粉鸟类、食菌哺乳动物（即食用真菌的动物），以及啮齿类动物。

在加拿大草原国家公园重新引入野牛之前，所有放牧活动都被禁止，导致混生草原生态系统失去了与放牧相关的多种益处。通过重建野牛种群以及在公园部分地区重新引入家畜放牧，对于恢复一个健康的草原生态系统及其物种多样性至关重要（Parks Canada，2011d）。

f. 尽可能使用自然保护地或邻近区域的本土遗传资源（在快速变化时期，可能会出现例外，因为更丰富的遗传变异能够提供更强的进化潜力和弹性）。

Magnolia sharpii 和 *Oreopanax xalapensis* 是墨西哥恰帕斯州中部高地云雾林中的特有树种。*M. sharpii* 极为稀有，分布范围有限，且因土地利用变化而严重减少（Newton *et al.*，2008；González-Espinosa *et al.*，2011）。*O. xalapensis* 则是在墨西哥和中美洲其他地区广泛分布的近危树种（Ruiz-Montoya *et al.*，2011）。幸运的是，这两个树种在苗圃中容易繁殖，为它们的主动修复提供了可能（Ramírez-Marcial *et al.*，2010）。

g. 在一些生态系统中，考虑种植生命周期短的"保育"物种（如果它们是非侵入性的物种），暂时保持土壤状态并促进本地物种的自然再生。

在哥斯达黎加北部的瓜纳卡斯特国家公园，"保育"物种的方法被用于大规模的森林修复（Calvo-Alvarado *et al.*，2009）。

h. 如果关键自然生境已经丧失或者恢复需要很长时间，可以考虑使用人工生境，如人工巢区或巢箱、人工礁石、人工鲑的洄游通道，以及帮助动物在迁移中跨越道路或其他障碍的隧道和桥梁。

世界自然基金会菲律宾分会一直与多个合作伙伴合作，在位于菲律宾巴拉

加拿大大草原国家公园：重新引入野牛放牧（来自加拿大公园管理局）

韩国智异山国立公园：重新引入亚洲黑熊（来自韩国国家公园管理局物种恢复中心）

望省的埃尔尼多 - 泰泰（El Nido-Taytay）资源保护区内的巴库特湾（Bacuit Bay）特雷斯·马里亚斯（Tres Marias）群岛附近，安装了陶瓷珊瑚礁体（EcoReefs®）。EcoReefs® 由陶瓷炻器构成，这种材料非常适合珊瑚和其他无脊椎动物在较短的时间内（7~15 年）定居①。

1.2.2.2　动植物物种的重新引入

参阅世界自然保护联盟（IUCN）/物种生存委员会（SSC）于 1998 年发布的《重新引入指南》（IUCN，1998），以及特定物种如鸡形目、非洲和亚洲犀牛、类人猿的引入指南（World Pheasant Association and IUCN/SSC Re-introduction Specialist Group，2009；Emslie *et al.*，2009；Beck *et al.*，2007）。

a. 确保自然保护地内外可能受物种引入影响的利益相关方知晓并参与其中，以便他们支持物种的重新引入工作。

在韩国智异山国立公园，由生物学家、生态学家、兽医和当地社区居民组成的多学科团队重新引入了可自我维持的亚洲黑熊（*Ursus thibetanus*）种群。**见第 6 章案例研究 2**。

b. 在保护地修复的宏观目标下，制定单物种恢复计划。

人们越来越认识到，老虎的恢复计划需要考虑自然保护地管理的多个方面，包括整体栖息地质量、被捕食者种群和生态系统的健康（World Bank，2011）。

c. 考虑目标物种的栖息地和生态需

---

① http://www.wwf.org.ph/newsfacts.php?pg=det&id=10

菲律宾巴拉望埃尔尼多的特雷斯·马里亚斯群岛:珊瑚礁修复项目中使用的人工珊瑚礁体模块 [来自 J. 弗罗因德 / 世界自然基金会 - 佳能(J. Freund/WWF-Canon)]

求,包括构成生态群落的共生和共栖物种(如微生物、真菌、植物和动物)。

例如,考拉几乎完全以桉树为食,但并非所有桉树种类都受到考拉的青睐。在澳大利亚昆士兰州南部布里斯班附近的退化地区,正在进行以考拉偏好的树种为重点的重新造林,以促进考拉种群的恢复(Boyes,1999)。

d. 评估重新引入物种后可能与其他物种发生的负面相互作用,包括疾病和寄生虫传播的风险,以及移植和引入野生种群时引入入侵物种的潜在风险。

由于人为活动、伐木作业和外来物种的影响,毛里求斯的白鹭岛(Ile Aux Aigrettes)自然保护区的岛屿退化。该保护区的修复工作旨在保护和重建本土动植物种群。然而,重新引入物种正在谨慎地推进。在将包括毛里求斯艳织雀(*Foudia rubra*)在内的濒危本土雀形目鸟类放归自然之前,要开展栖息地需求的研究,因为这些鸟类重新引入的成功与否取决于鼩鼱的根除情况(Varnham *et al.*,2002)。

e. 旨在确保种群具有充足的遗传多样性和 / 或足够大的基础种群规模,以维持其长期的存活和适应性。

根据对苏格兰自然保护地重新引入松鸡(*Tetrao urogallus*)的研究,为了使种群有较高的概率在 50 年内存活，至少需要 60 只松鸡分布在 5000 hm² 的栖息地内。此外，如果每 5 年引入 2 个无亲缘关系的个体进行种群补充，可将维持种群生存的最小个体数量降至 10 只（World Pheasant Association and IUCN/SSC Re-Introduction Specialist Group，2009）。

f. 恢复自然的营养级联（例如，捕食者控制被捕食者种群，以便被捕食者下层食物链的动物或植物得到扩张），特别是在淡水和海洋生态系统中。

加拿大太平洋沿岸的海獭是一种被列入红色名录的物种。它们的食物包括以海藻为食的海胆。在切尔塞特湾（Checleset Bay）生态保护区重新引入海獭后，海胆的数量有所下降，随之海藻森林得以恢复，这些海藻森林为许多鱼类和无脊椎动物提供了食物与栖息地（COSEWIC，2007）。

g. 在恢复物种或群落时，如果需要从其他地方获取种源（如珊瑚群落供体），则应尽量减少对供体生态系统的压力。这可以通过只采集供体种群中适当比例的个体并使用育苗来实现。

位于圣赫勒拿岛的千年森林占据了大森林遗址的一部分，这是该岛最后一片原始森林，它在 18 世纪被完全清除。在过去的 50 年中，一些当地的特有树种被重新发现，其种群数量为 1~5 个个体。一项谨慎的异地保护计划使重新造林工作得以进行，这不仅促进了退化土地的恢复，而且这片森林保存了几种特有树种的最大种群（St Helena National Trust，undated）。

h. 当一个物种的适宜栖息地在其原始分布范围内不复存在且无法恢复时，可以考虑在严格控制的条件下，在其他地区引入该物种进行恢复，如离岸岛屿。

在新西兰，将鸮鹦鹉（*Strigops habroptila*）的残存个体迁移到已经清除入侵哺乳动物的偏远离岸岛屿，从而使鸮鹦鹉种群得以在相对自然的条件下生存。然而，在大陆上由于引入捕食者，无法提供这样的条件（Clout，2001）。

最佳实践 1.2.3：重建有利于生态修复的适宜的物理化学条件

在某些情况下，生态系统的物理或化学环境已严重退化（如在跨越了第 2 章**图 2-1** 所示的非生物屏障之后），以至于在其物理组分（如土壤成分、水文或水和土壤化学）方面，也不再存在完整、功能健全的生态系统。在极度退化的生态系统中，进行生物调控之前，需要先改善其基本的物理和化学条件。在这种情况下，修复工作的主要目标是恢复陆地和水生生境的地貌构造、水文状况以及改善水、土壤和空气质量。

1.2.3.1 地貌和土壤

a. 通过恢复自然过程和 / 或使用天然材料，恢复海洋海岸与淡水河岸健康稳定的土壤结构和地貌（Poff *et al.*，1997）。

为了降低洪水风险，胡志明市正支持修复越南南部湄公河三角洲地区受到侵蚀的红树林，如芹椰（Can Gio）生物

专栏8

深入观察
恢复中东旱地

全球的干旱和半干旱地区（通常称为旱地）支撑着世界上三分之一的人口，但这些地区正普遍面临着退化并导致荒漠化（Dregne，1983；UNEP，2005）。旱地生物群落是最为脆弱的生态系统之一，放牧行为、土地利用、火灾、游憩影响和气候变化导致生物多样性、生态弹性和人类生计的迅速损失，而且可能是不可逆的。不过，值得庆幸的是，在解决土地退化问题和提升旱地生态系统弹性方面，科学技术已经取得了显著进展（Whisenant，1999；Bainbridge，2007；Cortina *et al.*，2011）。

通过生态修复恢复旱地生态完整性是沙特阿拉伯的一个主要优先事项。由利雅得发展局（ADA）

沙特阿拉伯图玛玛自然公园：通过灌溉恢复因过度放牧而退化的土地［奈杰尔·达德利（Nigel Dudley）］

牵头开展的哈尼法河谷（Wadi Hanifah）修复项目，正试图将挑战变为机遇，以打造一个可持续且富有生产力的环境，形成一条连接利雅得市和哈尼法河谷的连续的自然化公园绿化带。在这个绿洲中，住宅开发、农业、娱乐、文化活动和旅游和谐共存，延伸至整个城市并扩展到周围的农村地区。该区域包含3个自然保护地：Al Hair、Al Laban 和 Al Hasiyah。目前，首个大规模试验正在进行，涉及种植50 000株植物，旨在确定如何恢复植被覆盖，并研发扩大修复规模的适用技术。过去20年来，该地区的沙尘暴令人窒息，其频度和强度逐渐加剧，对公众健康和经济都产生了严重影响。该项目对于抑制沙尘暴至关重要。生态修复工作的推广面临着巨大的挑战，需要在广阔的退化土地上种植数千万株适宜沙漠环境的本土植物（Salih *et al.*，2008）。

圈保护区（Hong，1996）。

b. 使用自然保护地内的天然有机材料（例如，在保护地内开发过程中挖掘出的物料）或来源于保护地外的无菌有机材料来筑土。确保进入自然保护地的土壤不含杂草、污染物和入侵物种。

在加拿大的贾斯珀国家公园，利用当地堆肥、湖泊淤泥、生物固体和锯末等材料来改良砾石坑的土壤，并通过种植本土植物种子和移栽植物来重建植被〔2008 年与 A. 韦斯特哈维尔（A. Westhaver）的私下交流〕。

毛里塔尼亚迪亚林国家公园：Lemur 水闸使得塞内加尔河能够周期性地淹灌贝尔盆地。该水闸是三角洲季节性洪水修复项目的一部分（见第 6 章案例研究 6）（来自毛里塔尼亚迪亚林国家公园）

1.2.3.2　水文

a. 恢复自然地形梯度、水文条件、水流模式及其相关的微生境，如拆除改变河流系统的水坝、阻断旱地季节性水流的沟渠或堵塞排水系统的渠道。

在英格兰的莱肯希斯湿地（Lakenheath Fen）自然保护区，通过恢复自然水文条件，将过去一片胡萝卜田地恢复成了沼泽地。经过 11 年的修复，该区域首次记录到灰鹤（*Grus grus*）的繁殖，这一现象为 400 年来首次出现[①]。**另见第 6 章案例研究 1（芬兰）**，通过清除人工排水沟并清理植被，恢复了湿地草甸。

b. 尽可能在流域／分水岭尺度上开展工作，同时兼顾地表水和地下水条件。这涉及考虑并解决自然保护地外的土地／水资源利用对保护地内湿地和溶洞系统的影响。

在毛里塔尼亚迪亚林国家公园及其周边地区，一个涉及多方利益相关者参与的修复项目正致力于恢复塞内加尔河下游三角洲的生态系统功能，并支持社区生计的发展。继水坝建设导致洪水中断后，该项目已逐步重新引入洪水，逐渐覆盖更广泛的区域并持续更长时间。**见第 6 章案例研究 6**。

c. 尽可能使用当地的天然材料来恢复栖息地特征，如洪泛平原、河岸系统、粗木质碎屑堆积、梯田、砾石坝、浅滩和池塘。

在荷兰的自然保护地内，拆除河堤堤坝使得洪水事件得以自然发生。这种河流动态的恢复吸引了众多的动植物，包括多种鸟类和海狸（Stuip *et al.*，2002）。

d. 尽可能通过改善自然保护地的水文条件而非通过疏浚来减少淤积。

在南非的巴维亚斯克卢夫（Baviaan-

---

① http://news.bbc.co.uk/1/hi/england/6659827.stm

skloof）世界遗产地及其周边地区进行的亚热带灌丛林修复项目，旨在减少土壤侵蚀、提高渗透率，并减少库加坝（Kouga Dam）的泥沙淤积。淤积的减少可能会相应减少未来大坝疏浚的必要性［2010 年和 2011 年与迈克·鲍威尔（Mike Powell）的私下交流］。

e. 在自然机制无法维持时，如果人工控制水流（通过抽水等）与总体修复目标一致，则其可作为模拟自然水文状况的最后手段。

在毛里塔尼亚迪亚林国家公园及其周边的塞内加尔河三角洲，通过建设水利基础设施（堤坝和闸门）来控制泄洪，成功恢复了大坝建设前三角洲的生态完整性。见第 6 章案例研究 6。

f. 监测所有人为改变水文条件的影响，以确保这些变化不会带来意想不到的负面效应。

在南非的克鲁格国家公园，许多人工蓄水池正在被关闭。这是因为在冬季本应干旱的地区进行人为供水，导致一些哺乳动物的过度繁殖，这反过来又需要通过捕杀来人为控制种群[1]。

1.2.3.3 水、土壤和空气质量

a. 识别可能影响自然保护地价值的水、空气和土壤质量问题，并将可在自然保护地内及其周边直接处理的问题与保护地管理者无法控制的问题区分开（如大范围的空气污染、海洋酸化）。

在英国的新森林国家公园，空气污染已导致许多地衣物种消失。例如，雀石蕊（Cladonia stellaris）的消失意味着它已在英国绝迹（Rose and James，1974），但这些问题超出了当地管理者的直接控制范围。

b. 确保保护地内存在存活的、死亡的和正在分解的动植物材料，以促进健康的养分循环。在波兰的自然保护地保留落叶和枯木，特别是比亚沃维耶扎国家公园（Białowieża National Park）（Bobiec，2002），有助于恢复成熟林的特征，并增加腐生真菌和无脊椎动物的种群数量。在芬兰的努克西奥国家公园（Nuuksio National Park），人工建造枯木树桩不仅使物种得以保留，而且使森林恢复了其原有的成熟特征（Gilligan et al.，2005）。

c. 与自然保护地周边区域协同，共同努力减少对海洋和沿海水域、内陆地表水、地下水、水体沉积物及土壤造成的化学和生物污染。

多瑙河生物圈保护区（Danube Biosphere Reserve）位于欧洲 19 个国家的汇水区末端，污染控制是其面临的一大挑战。根据世界自然基金会（WWF）的估算，湿地若得到恢复，每秒将能够提供近 100 万 L 的清洁水[2]。2009 年完成的首个全流域管理计划中提出了减少污染负荷的合作提案（Sommerwerk et al.，2010）。

d. 对来源于远离自然保护地的压

---

① http://www.bwa.co.za/Articles/Borehole%20Closures%20in%20the%20Kruger%20National%20Park.pdf
② http://danube.panda.org/wwf/web/static/wetland.jsp

专栏9

深入观察
红树林植被修复

Lewis（2011）在其关于湿地修复成功可能性等级描述中提出，红树林植被的恢复在技术上较为容易现实，因为它们的水文特征是可预测的，并且能产生大量漂浮的种子和幼苗。然而，在现实情况中，由于对成功恢复所需条件的误用，红树林成功修复的案例并不多见（Lewis，2005）。其中，最常见的错误是尝试在不适宜的滩涂上种植红树林（Samson and Rollon，2008）。这些尝试很少取得成功，即便有些植株存活下来，也往往只能形成与天然红树林生态群落相差甚远的单一红树群落。

塞内加尔乔阿尔-法尔朱特国家公园（Joal-Faljouth National Park）：由当地社区协会实施的红树林修复项目[来自科琳·科里根（Colleen Corrigan）]

事实上，红树林的成功修复通常不需要实施种植来实现，如美国佛罗里达州好莱坞的西湖公园（West Lake Park）红树林修复项目所示，通过清淤疏浚和修复水文，500 hm² 的红树林成功恢复（Lewis，undated）。但是，在严重退化的情况下，可能需要进行红树种植。Lewis（2011）认为，湿地修复的从业人员对常见问题及其相应的解决方案的了解不足，是导致此类修复工作失败率高的关键因素之一。

力，识别可能的补救措施（如淡水中施用石灰以减少酸沉降的影响）。

研究人员在瑞典和挪威选取了一些湖泊，如瑞典蒂勒斯塔国家公园（Tyresta National Park）（Edberg et al.，2001），施用石灰来中和由长距离空气污染引起的酸化（Henriksen et al.，1992；Henrikson and Brodin，1995）。许多物种也因此重新回归（Degerman *et al.*，1995）。对瑞典112个经过石灰处理的湖泊的研究发现，5~9年后鱼类多样性有所增加（Degerman and Nyberg，1989）。

准则1.3：最大限度地提高修复行动对增强生态系统弹性的贡献

最佳实践1.3.1：有助于在快速变化的环境条件下维持或增强弹性的修复实践

本书中概述的大多数最佳实践应有助于维持或增强生态、社会和经济对环境变化的弹性。通过在规划中明确考虑弹性，可以最大化生态修复中与弹性相关的效益。恢复生态系统结构和功能，以及提高大尺度的陆地和海洋景观的连通性，通常有助于维持或恢复生态系统的弹性（即其对变化的耐受和适应能力）（Walker *et al.*，2004；Elmqvist *et al.*，2003），从而提高长期修复成功的概率。一个关键策略是提高现有功能类型的多样性，使新的生物群落能够抵御环境压力和变化。同样，关注生态修复所带来的经济和社会效益，也将有助于提高社区的弹性（Ervin *et al.*，2010；Clewell and Aronson，2006）。在生态修复项目中，可考虑以下最佳实践，在快速的环境变化条件下维持或增强弹性。

a. 考虑如何通过优先修复那些为保护生物多样性提供最佳机会的自然保护地，如尚未发生变化或能提供相同微气候、降雨和温度避难所的保护地，以增强在大尺度（即区域、国家）上应对快速环境变化的弹性。

针对加勒比保护地，墨西哥国家自然保护地委员会制定了一项适应性计划，旨在通过珊瑚礁和海草床的修复来降低气候变化的脆弱性。该计划的内容包括利用由于船只撞击从健康珊瑚礁上掉落的珊瑚断枝，恢复受到白化影响的自然珊瑚群落。珊瑚礁修复的目标在于增强这些珊瑚以及依赖珊瑚礁生态系统的人类社区应对气候变化的弹性（CONANP，2011b）。

b. 设定并传达务实的生态修复目标，同时意识到在气候变化背景下，生态系统结构和功能的某些变化是可以预测的，并且可能是不可避免的。

在英格兰的萨默塞特郡，废弃的泥炭开采区现已被重建为湿地自然保护区，而这些区域在历史上曾是季节性洪水泛滥的区域。鉴于海平面上升可能会再次加剧洪水泛滥，政府决定在某些区域不再投资建设防洪设施，而是任由季节性洪水发生。虽然这种做法将改变保护区生态系统的结构和功能，但同时也将为越冬的涉禽类提供更多重要的栖息地，并有助于重新连接各个保护区域（Somerset Biodiversity Partnership，2008）。更多信息可参见第5章中关于生态修复的**阶段2和阶段3**的内容。

c. 当生态系统的弹性不足以应对变化，且某些物种或种群的生存至关重要时，作为最后的选择，应慎重地考虑将那些因环境快速变化使栖息地发生显著变化或丧失的物种迁移至新地点的策略。

墨西哥锡安卡恩生物圈保护区（Sian Ka'an Biosphere Reserve）：开展用于生态修复项目的鹿角珊瑚培育情况的监测 [来自欧西纳斯 A. C.（Oceanus A. C.）]

更多信息可参见最佳实践 1.2.2.2 以及 Dawson 等（2011）的研究。尽管目前尚未有因应对预测的气候变化而将物种迁出或迁入保护地的案例，但这个议题已经引起了讨论（Hunter，2007）。目前，对于此类预防性策略，我们还无法提出最佳实践。

d. 利用自然保护地的生态修复项目，通过开展情景规划，以及建立对预期变化和潜在应对措施的认识及理解，帮助提升当地社区的能力建设，以适应环境快速变化的影响。

位于墨西哥恰帕斯州的埃尔特里温福生物圈保护区（El Triunfo Biosphere Reserve），与咖啡种植者合作，制定并实施了一项旨在适应气候变化的能力建设计划。2011 年，为了更好地制定减缓和适应气候变化的决策，该保护区举办了一次超过 300 人参加的研讨会，会上将土壤保护和修复行动确定为提高社会经济系统弹性的一项策略（CONANP，2011c）。

e. 将有关当前已知和预测到的变化（如极端天气事件、平均温度、海平面、洋流模式等）的知识纳入生态修复决策中，并采用适应性管理方法，识别和调整与测量及预测相关的不确定性。

专栏 10

深入观察
喀斯特和溶洞系统的修复

　　喀斯特和溶洞景观是极为敏感的生态系统。精细调控穿过溶洞系统的水和空气的流动速度及其质量是成功管理的关键，正如通过精心管理整个汇水区的植被和土壤来保护基本的自然过程。因此，喀斯特和溶洞需要采取超出传统保护地边界的特殊管理策略。此外，溶洞和喀斯特研究领域的科学家与探险家通常拥有必要的专业管理知识和技能。喀斯特系统的范围由整个流域界定，而喀斯特区域可能仅占其中一部分。界定此类流域的有效地下分界线常常与地表分界线截然不同。这些汇水区的边界会随着天气变化而剧烈波动，甚至在暴雨之后，一些废弃的洞穴通道可能被重新"激活"。这使得自然保护地边界的界定变得更加复杂。保护地管理者采取的最佳实践包括如下几点。

　　a. 识别喀斯特系统的整个流域，并关注流域内任一修复活动的潜在影响，即使这些活动不位于喀斯特区域内。

　　b. 通过有计划地实施水示踪实验和洞穴测绘，明确整个喀斯特的排水网络。

　　c. 在适当的情况下，通过修复受损溶洞而非开发新洞穴，促进旅游业的发展（Watson *et al.*，1997；Vermeulen and Whitten，1999）。

专栏 11

深入观察
海草床修复

　　海草是沿海海洋生态系统中极为重要的沉水开花植物群落。然而，由于常被忽视，它们缺乏真正的保护和管理，导致全球范围内的海草床正在迅速减少（Waycott *et al.*，2009）。Fonseca 等（1998）为美国和邻近海域的海草床修复做了很好的总结。Paling 等（2009）做了类似的国际总结。以上两位研究人员均指出，海草床修复工作不仅难度大，而且成本昂贵，每成功修复 1 hm^2 海草床的费用通常高达 100 万美元。世界自然保护联盟（IUCN）也发布了一份详尽的手册，指导如何管理海草以增强其对气候变化的弹性（Björk *et al.*, 2008）。

Lewis（2011）认为，在所有湿地类型中，海草床的修复难度最大。尽管作为缓解影响措施的海草床修复已有成功案例，但这种情况相对罕见（Treat and Lewis, 2003）。出于管理目的而进行的大规模海草床生态修复则更少见，但 Lewis 等（1998）和 Greening 等（2011）报道，美国佛罗里达州坦帕湾在水质显著改善后，通过自然补充成功恢复了约 4000 hm^2 的海草床。

在没有海草的区域，单纯的种植或移植很少能成功建立新的海草群落。除非在进行种植或移植之前，已经认识到导致海草退化的根本原因并解决了相应问题，否则海草床的修复不太可能成功。这通常需要通过改善水质，或者减少如船只搁浅、螺旋桨损害等对海草床的威胁。特别是在海草密集的浅海水域，随着船只活动的增加，这些破坏变得更加普遍。

澳大利亚阿尔卑斯山流域受到气候变化的直接威胁，如更加干燥的气候条件、火灾频率和严重性增加以及入侵物种的扩散。为了预测气候变化的影响，对阿尔卑斯山的 11 个国家公园进行系统评估，为制定生态修复和适应气候变化的行动提供依据（Worboys *et al.*, 2010c）。另见第 6 章案例研究 11。

准则 1.4：恢复自然保护地内外的连通性

最佳实践 1.4.1：有助于自然保护地内及自然保护地之间连通性保护的生态修复

连通性保护既可通过在保护地内采取行动来实现，如维护能够向周围环境迁移或扩散的健康的生物种群，也可以通过保护地外的管理，如通过适宜的连通性廊道（包括迁徙物种的"踏脚石"）来实现。上述两种方法都可以从生态修复中受益。

a. 在规划陆地或者海洋景观尺度的生态修复中，需识别相关的生态系统边界（如流域、物种分布范围）和潜在的保护廊道。

跨界保护计划，如生态区域计划，有助于将修复工作置于更广泛的尺度上。例如，美国北部大平原的生态区域计划覆盖了保护地内及更广的景观尺度上的栖息地修复和物种引入（Forrest *et al.*, 2004）。

b. 在必要时，通过解决物种迁移的人为障碍（如道路和围栏），以恢复自然保护地内的连通性。对某些物种而言，连通性比其他物种显得更重要，故不同物种对连通性的需求各异。

在加拿大的班夫国家公园（Banff National Park），通过引入高速公路的高架桥来促进野生动物的自然迁移[1]（White and Fisher，2007）。

c. 在自然保护地内拆除不必要的道路。

在希腊的阿索斯山（Mount Athos），修道士将半岛作为自然保护地来管理，他们已经尽可能逐步拆除了道路，以保留大片森林区域（Kakouros，2009；Philippou and Kontos，2009）。

d. 在规划自然保护地的修复工作时，需考虑物种跨越边界的迁移机会，以促进有规律的基因交流以及适应气候变化的物种迁移。例如，建立通往保护地外的生态廊道，或促进对当地生计或商业有重要作用的物种的外溢（如海洋保护区的鱼类）。

研究一再证实，海洋保护区不仅能重建区域内的鱼类种群，还能通过其边界之外的溢出效应为当地渔业社区提供可持续的蛋白质来源，如西班牙的科伦布雷特斯群岛海洋保护区（Columbretes Islands Marine Reserve）（Stobart et al.，2009）、埃及的奈卜格资源管理保护地（Nabq Managed Resource Protected Area）（Ashworth and Ormond，2005）。在马来西亚加里曼丹岛沙巴州的基纳巴唐岸河沿岸，对破碎化森林重新种植，有助于重新连接受保护的栖息地，并使大象能够完成每年两次的迁徙（Vaz，undated）。

e. 与所有相关合作伙伴、利益相关方及公众商议和合作，确保利益相关者和合作伙伴共同参与建立和维护所有必要的治理机制的过程，如契约公园、土地所有者协议、管理区域。

澳大利亚 141° 栖息地计划通过动员农村和区域社区，以及私人和公共土地所有者、土地管理者、投资者、特殊利益群体和志愿者之间建立伙伴关系与合作，来恢复自然保护地内外的功能连通性。**见第 6 章案例研究 8**。

f. 在修复连通性的过程中，需要考虑时间尺度因素。例如，通过在生态系统经历变化的阶段进行管理，确保系统内的其他组分能同步适应连通性的修复。

昆士兰州自然保护法案的规定确保了澳大利亚春溪国家公园修复工作的长期可持续性，该规定为一个示范性生态修复项目设定了 20 年的时间框架。**见第 6 章案例研究 11**。

准则 1.5：鼓励并重建传统文化价值观和习俗，以促进自然保护地及其周边区域的生态、社会和文化的可持续性

最佳实践 1.5.1：纳入文化管理的修复

有时，传统文化习俗可以维持或恢复那些正在减少或消失的自然价值；在某些情况下，维护或重新引入传统文化习俗的管理方式可在修复过程中发挥重要作用。

---

[1] http://www.pc.gc.ca/pn-np/ab/banff/plan/gestion-management/IE-EI.aspx

澳大利亚春溪雨林项目：利用一个最先进、持续运行的无线传感器网络开展监测，该网络有175个传感器节点和700个单独的传感器，能提供长期的、全流域的微气象，土壤和植被生产力数据。此外，还有一个由电池供电的无线多媒体监测网络，用于追踪动物的活动（第6章案例研究11）［来自基思·斯科特（Keith Scott）］

a. 鼓励广泛参与修复和管理规划。

阿什顿潟湖（Ashton Lagoon）是格林纳丁斯群岛最大的潟湖，其在自然保护地的一个开发项目失败后遭受了严重破坏。一场参与式的规划研讨会确定了社区对潟湖可持续利用的愿景，包括制定计划以解决众多保护需求，如消除自然水文流动的障碍、修复海洋和海岸栖息地以及重建水生和海岸动植物群落（Sorenson，2008）。

b. 将文化知识及其发展目标纳入修复项目目标。例如，通过宣传活动、修复项目的公众庆祝活动、社区参与修复和监测，以及其他确保文化与生态系统修复密切结合的行动。

在皮利角国家公园（Point Pelee National Park），加拿大公园管理局正在使用"计划性火烧"来恢复伊利湖沙嘴稀树草原（Lake Erie Sand Spit Savannah）。考德威尔第一民族（Caldwell First Nation，一个土著部落）举行了传统的火祭仪式，以庆祝火灾重新引入公园内受保护的生态系统，并邀请公众参加（Parks Canada，2012a）。另见第6章案例研究5。

c. 通过支持与自然保护地相关的当地土著人民的文化遗存、语言和传统知识的发展，鼓励恢复具有生态可持续性的文化习俗，特别是那些与保护地生态系统共同演化的文化习俗。

在加拿大的瓜伊哈纳斯（Gwaii Haanas），鲑是海达族人与土地和海洋之间紧密联系的象征。修复适宜于几种鲑产卵和育幼的栖息地，有助于人们与土地重新建立联系。有关详细信息请参见第6章案例研究9。

准则 1.6：通过研究和监测，包括利用传统生态知识，最大限度地提高修复的成功率

最佳实践 1.6.1：适应性管理，在生态、社会和经济方面，开展生态修复监测和评估

有效的监测和评估可促进适应性管理，从而提高生态修复项目的成功率。监测不仅用于确定何时需要在自然保护地内实施生态修复，还用于衡量实现既定目标的进展。大多数监测体系都应包

括用于衡量修复进展的生态和社会指标。监测工作首先需要确定用于衡量主要目标进展的监测指标和监测方案，然后再考虑其他成本和效益。监测团队通常既包括具有相应资质的修复专家，又包括那些对当地情况有深入了解的专家。监测及其相关的适应性管理工作应从修复规划的初期就开始，而不是在项目结束时才考虑。

a. 对于旨在实现生态和生计目标的生态修复，根据以下几个方面对所有生态修复活动的影响进行持续监测和评估（Fisher *et al.*，2008）：①保护目标；②社会和公平影响；③经济目标。

当泰国北部的素贴山（Doi Suthep-Pui）国家公园建立时，班迈萨迈村（Ban Mai Sa Mai）的村民已在此居住。村民与相关部门达成协议，承诺将部分农业用地用于生态修复，以此作为他们继续居住于此的条件（Blakesley and Elliott，

加拿大草地国家公园：监测地块（来自加拿大公园管理局）

2003）。

b. 选取许多在修复项目中能长期、经济、有效地实施监测的指标和方法。**见第 5 章中生态修复阶段 5.3。**

c. 制定明确的监测方案，确保监测工作的连续性，即使负责人变动也不会受到影响。

监测工作是芬兰鸟湾生物项目（Lintulahdet Life Project）的一个显著特点。**见第 6 章案例研究 1。**

d. 在专家的参与下制定监测方案。明确提出问题、收集必要的数据并进行详细的分析，以便将生态修复的影响与自然环境的波动区分开。

在新西兰的科凯恩（Cockayne）保护区，研究人员利用湿地状况指数监测了修复项目实施后 1982~2000 年的湿地状况变化。结果显示，由于种植本地物种，总体状况有所改善，但杂草和沉积问题仍然存在（Clarkson *et al.*，2004）。

e. 规划修复项目，以便根据监测的反馈调整修复行动。

在澳大利亚的春溪雨林修复项目中，对 100 多年前退化的区域进行持续的监测和评估，为生态修复工作提供了依据。**见第 6 章案例研究 11。**

最佳实践 1.6.2：吸纳各方参与监测过程，并确保结果透明

当可以识别和评估更广泛的修复价值时，共同商定监测指标可以成为参与式过程的重要部分。访客、邻近社区、公众以及其他合作伙伴和利益相关方直接参与监测，不仅增强对监测流程

的信任度，也有助于提高监测结果的准确性。

a. 在与合作伙伴、受影响社区和其他利益相关方合作的基础上，开展指标选取和监测，特别是当修复项目具有社会元素（如提供生态系统服务）或影响生计时。

作为新西兰国家湿地环境指标（包括生态修复的各个方面指标）制定过程的一部分，当地修复项目就采用了参与式方法，与毛利人共同商定一套通用指标，用于监测湿地状况和趋势（Harmsworth，2002）。**见第 5 章中生态修复阶段 5.3**。

原则 2：力求减少时间、资源和精力投入的同时，最大化修复的效益

准则 2.1：在确定修复行动的优先次序时，要考虑从系统到局域各尺度的生态修复目标

最佳实践 2.1.1：生态修复工作应集中于对实现整个系统、陆地／海洋景观尺度或保护地目标最为迫切和重要的干预措施

为了在最大限度地降低成本的同时最大化效益，需要确定优先次序，可能还需要在相互冲突的目标之间作出权衡，并考虑气候变化等更广泛的因素（Holl and Aide，2011）。

a. 在自然保护地系统层面，应优先考虑对最重要的保护地开展修复工作。

此外，还要考虑／分析生态修复相比其他管理策略的风险、成本和效益，并考虑诸如关键利益相关方支持的可能性等因素。

优先区域可能包括世界遗产地、联合国教科文组织生物圈保护区、拉姆萨尔国际重要湿地、生物多样性优先区，以及分布有许多红色名录物种的区域。此外，世界自然保护联盟（IUCN）制定了受威胁生态系统的红色名录，该名录采用定量化标准评估生态系统在地方、区域和全球尺度的受威胁等级，以此反映生态系统在范围、组成、结构和功能上的变化程度及速度（Rodriguez et al.，2010）。

b. 在陆地或海洋景观层面，评估各地点的修复干预对生物多样性保护及生态系统服务的贡献大小，以指导整个保护地网络内资源的优先分配。

在新喀里多尼亚，全岛选定了 19 个地点，总面积超过 1000 hm²，作为保护和修复极度濒危的旱生林的关键区域。鉴于这些地点的人口压力巨大且栖息地面临严重威胁，它们被确定为全岛生态修复工作的优先区域（Gunther，2004）。

c. 在物种或生物群落层面，确定优先考虑的物种的生态修复需求，包括与保护珍稀、受威胁和濒危物种有关的因素。

上述信息可能来源于"零灭绝联盟"（Alliance for Zero Extinction，AZE）（涉及物种的濒危程度、不可替代性和离散性）（AZE，2011），以及参考国家和国际濒危物种红色名录[①]及国家物种行动计划。

d. 在项目区层面，识别并优先考虑那些如果及时修复，未来就可以节约大量工作的区域：①未及时修复，将导致地方特有或珍稀物种、栖息地和生态系统的永久丧失；②在具有重要生物学意义的退化区域，仅需少量干预即可促进自然恢复；③迫切需要消除的威胁，包括退化的因素、不良的管理以及入侵物种的来源等；④需要稳定可能对公众健康构成威胁的区域，如雪崩易发区；⑤需要控制可能转移到外部环境的生物和化学污染物。

在加利福尼亚红杉国家公园的哈尔斯特德草甸（Halstead Meadow），美国国家公园管理局正在修复一片 10 hm² 的山地潮湿草甸，这片草甸因过去的过度放牧和公路涵洞建设而形成了深深的沟壑。如果不及时修复，这些沟壑将继续加深并进一步向山谷扩展，导致更多具有重要生态学意义的湿草甸生境消失，同时增加未来修复的难度和成本。目前，被侵蚀的沟渠已被回填，并种植了可形成草皮的本地湿地物种，还安装了可生物降解的侵蚀控制织物。此外，该地正在建造一座新的公路桥，以取代暗渠并恢复自然的片流水文条件（Wagner *et al.*, 2007）。

最佳实践 2.1.2：制定实施计划

良好的规划是成功的关键，也是第5章所述修复流程的关键部分。

a. 与利益相关方和合作伙伴共同制定实施计划，该计划应包括如下几方面：①明确修复优先事项的依据；②列出预期结果；③规划修复所需的步骤；④阐述计划中的监测系统。

《濒危物种保护法》要求美国鱼类及野生动植物管理局针对列为濒危的物种制定恢复计划。例如，由美国国家公园管理局、鱼类及野生动物管理局、科研院校、州野生动植物机构和环保组织之间合作制定了《北落基山狼恢复计划》（US Fish and Wildlife Service，1987），促成了在黄石国家公园重新引入狼群。**见第 5 章中生态修复阶段 5.2。**

准则 2.2：确保长期的执行能力并获得支持，以持续维护和监测生态修复

最佳实践 2.2.1：修复工作应致力于建立长期的执行能力、责任和愿景

由于大多数形式的生态修复需要较长时间才能完成（实际上，能否"完成"也尚不确定），因此，确保修复工作能够持续足够长的时间以取得成功至关重要。

a. 确保已建立有效的保护地治理机制，以维护生态修复的初期投入，包括确保有稳定的预算、合作伙伴的坚定承诺以及适宜的法规和政策支持。

在加拿大的瓜伊哈纳斯（Gwaii Haanas），协作型的管理模式和制度化的决策机制给予了各利益相关方支持，并

---

① http://www.iucnredlist.org/

毛里塔尼亚迪亚林国家公园：该修复项目为当地社区生计提供支持，包括为当地妇女提供培训和资金，以促进她们利用当地材料恢复和发展传统的手工编织技术，并将其作为一种收入来源（来自迪亚林国家公园）

协助他们制定了与生态、文化和社区背景相契合的修复目标，这对海达族及加拿大公园管理局均具有深远意义。**见第6 章案例研究 9**。

b. 与当地社区密切合作，确保能获得他们的理解和支持，并公平分享所产生的惠益。

毛里塔尼亚迪亚林国家公园（Diawling National Park）的修复项目以增强当地社区的生计为核心目标。该项目通过支持新兴及传统经济活动，预计每年为当地社区创造至少 780 000 美元的收益。**见第 6 章案例研究 6**。

c. 投资保护地的修复项目时，确保土地使用权的长期稳定性。对于私人土地或水域，应在合同中明确规定排除未来用途变更的可能性，以保障修复不会面临撤销风险。

在澳大利亚春溪雨林项目中，为保障非营利性合作伙伴的长期修复投资，治理机制采用了昆士兰州《自然保护法》中的相关条款规定及私有土地契约。**见第 6 章案例研究 11**。

d. 长期维持监测和适应性管理框架，以提高修复成功的可能性，并确保有确凿的证据证明修复工作正在产生积极影响。

在巴西，采用地理信息系统（GIS）系统地收集数据对于制定和调整项目设计至关重要。此外，项目组与高校共同制定了一项研究计划，以评估修复过程和培训需求。**见第 6 章案例研究 7**。

准则 2.3：在促进达成自然保护目标的同时，提升自然保护地的自然资本和生态系统服务

最佳实践 2.3.1：有助于减缓气候变化的修复工作

自然保护地的生态修复可以帮助生物质固碳，从而减缓气候变化。碳市场有潜力为修复工作提供资金支持，但自然保护地能否利用这一市场尚不明确。此外，还存在一个风险，碳的市场价格可能影响修复项目的质量和类型，除非项目的准入标准中明确考虑了协同效益，否则对碳的过度关注可能会限制修复工作的范畴（Galatowitsch，2009；Alexander *et al.*，2011）。参与碳市场不仅需要前期投资，还需要具备承担风险的意愿。因此，必须综合权衡潜在的效益和面临的诸多挑战。

a. 在自然保护地内所有适宜的生态修复项目中，即使不寻求碳信用资金，也应充分考虑固碳的潜力及其对国家和全球气候变化战略的潜在贡献。

在特立尼达的纳里瓦湿地保护地（Nariva Wetlands protected area），对湿地作为碳汇功能的认识促进了该退化湿地的修复工作。生物碳基金（BioCarbon Fund）正资助该保护地部分区域的本土植物再植项目，并计划在 2017 年之前购买约 193 000 t 二氧化碳当量的碳信用额度（Anon，2009）。

b. 确保修复的目标始终适当地侧重于自然保护地的价值，避免为了碳储存目的而改变生态系统。例如，在退化的草原生态系统，原本是草原的区域进行造林。

尽管碳储存作为自然保护地的潜在功能已被提出，目前也尚未得到广泛实施，但这将成为未来需要密切关注的日益重要的问题。**见第 5 章生态修复中的阶段 3.1 和阶段 4.1**。

c. 根据修复最佳实践和碳补偿标准，设计符合最高修复标准的碳汇修复项目，包括碳补偿计划的技术要求以及生态和社会影响。

《气候、社区和生物多样性项目设计标准》（CCBA，2008）确定了基于陆域的气候变化减缓项目的具体标准要求，这些项目在应对气候变化的同时，可提高生物多样性并为社区带来收益。

d. 将碳储量和碳汇能力纳入监测计划，以评估修复的进展。

许多修复项目都设定了碳汇目标（Miles，2010）。**参见第 6 章的案例研究 4**，以及**第 5 章中生态修复阶段 7.1**。

e. 将学习融入生态修复碳补偿项目。

马达加斯加的曼塔迪亚（Mantadia）

巴西大西洋沿岸森林：对修复种植区域进行摄影监测（第 6 章案例研究 7）[来自里卡多·米兰达·德·布里特斯（Ricardo Mraanda de Britez）的野生动物研究与环境教育协会（SPVS ）]

森林廊道修复项目通过修复 3020 hm² 的森林，以连接安塔西贝（Antasibe）和曼塔迪亚两个自然保护地。预计到 2012 年，栖息地的修复将吸收 113 000 t 二氧化碳当量，且 30 年内固碳量将达 120 万 t 二氧化碳当量。该项目的核心内容之一是能力建设，旨在减少刀耕火种的传统农业，并通过碳信用机制来提供替代性收入。此外，该项目还推广了 5 种可持续生计方式，包括森林公园、萨罗卡种植园（Saroka gardens）[①]、果园、本土特有种混合种植园和薪炭种植园（Pollini，2009）。**见第 5 章中生态修复阶段 7.2。**

澳大利亚维多利亚州保护地：在沿海保护地种植植被来稳定陡坡 [来自奈杰尔·达德利（Nigel Dudley）]

最佳实践 2.3.2：有助于减轻自然灾害影响的修复工作

珊瑚礁、红树林、湿地、森林、沼泽和天然河岸植被有助于阻挡或吸收自然灾害的影响，包括沿海和河流洪水、潮汐涌动和海啸、台风和飓风、山体滑坡和雪崩、沙尘暴、荒漠化和干旱。许多自然保护地在防灾减灾方面发挥着重要作用，而有时通过修复工作，修复区域的防灾减灾能力能够得到显著增强（Stolton et al.，2008）。

a. 考虑生态修复工作在减轻自然灾害影响方面的协同增效，包括：①修复自然保护地的森林，特别是在陡峭坡面，有助于减轻侵蚀、洪水、雪崩、山体滑坡和落石的影响，也包括地震引发的次生灾害；②修复内陆与沿海湿地及其盐沼保护区，增强其对洪水和潮汐的调节与防护功能；③在海洋保护地内修复红树林和珊瑚礁，提高其抵御风暴、海啸和海浪的屏障作用；④重新打通河流通道，促使洪水能量耗散，防止下游洪水泛滥；⑤保护干旱地区，防止过度放牧、踩踏和四轮驱动车辆的行驶，以恢复植被、减少侵蚀和减少沙尘暴。

西班牙的马拉加，通过修复和保护流域内的森林，成功终结了长达 500 年的周期性洪水难题（Dudley and Aldrich，2007）。在越南，当地社区投资 110 万美元用于修复红树林，预计每年可节约高达 730 万美元的海堤维护费用（Brown et al.，2006）。为了应对历史上的洪水，欧洲的莱茵河和多瑙河的洪泛平原已经

[①] 译者注：萨罗卡种植园（Saroka gardens）通常是指一种马达加斯加特有的传统的、可持续的农业实践，它是以本土植物和树木构成的多层次农业系统

得到恢复。自 2000 年起，荷兰政府启动了"河流空间"洪水管理计划，而 600 hm² 的米林格瓦德（Millingerwaard）保护地则是该计划的一个试点（Bekhuis *et al.*，2005）。

最佳实践 2.3.3：支持提供生态系统服务（如食品和水安全、健康和材料）的修复工作

自然生态系统通过提供生态系统服务为人类福祉作出了巨大贡献，包括提供清洁水源、食物、用于医药的基因材料和其他资源等。虽然这些服务并非自然保护地的核心目标，但它们却通常是这些地方极其重要的附加价值，并且当其与自然保护目标一致时，恢复这些价值可能非常重要。研究表明，通过生态修复，生态系统服务功能平均可提高 25%（Benayas *et al.*，2009）。

a. 与自然保护地管理者、当地社区、土著人民以及其他合作伙伴和利益相关方合作，识别保护地提供的、对生计有益的关键生物多样性组分和生态系统服务，这些组分和服务可以在不违背保护目标的前提下得到恢复，从而为生计带来益处，即使修复的核心目标是恢复自然价值。

在迪亚林国家公园内外的塞内加尔河下游三角洲，开展河漫滩、红树林和沙丘系统修复，不仅恢复了生态系统，也恢复了当地居民所依赖的渔业等生态系统的产品和服务，其益处远远超出了公园的价值边界。**见第 6 章案例研究 6。**

b. 通过自然保护地的修复来改善食物供给，具体方法包括：①减少入侵物种和病虫害的侵袭；②为害虫的自然天敌建立宿主植物，或者以其他方式恢复害虫的自然天敌；③恢复那些对传粉者特别重要的植物；④在符合自然保护地目标的情况下，提供维持生计的食物。

哥斯达黎加的瓜纳卡斯特国家公园（Guanacaste National Park）通过"生态系统服务"付费项目，从邻近的果园获得生态系统服务的经济补偿，这些服务包括水资源调节、授粉和病虫害控制（Janzen，2000）。

c. 与受影响的社区合作，共同规划和沟通资源利用、物种管理和修复策略，旨在最小化对当地生计的不利影响，同时最大化效益。例如，采取诸如"禁渔区"的管理策略，旨在恢复鱼类种群，以实际可行的方式支持自给自足的生存方式和小型商业捕鱼活动。

马达加斯加凡德里亚纳·马鲁兰布国家公园的森林景观项目与当地社区进行广泛的沟通协商，旨在共同制定土地利用的愿景，明确他们的需求和愿望，并发展替代生计的机会，以减轻贫困和减少对当地自然资源的压力。**见第 6 章案例研究 3。**

准则 2.4：为依赖自然保护地的土著人民和当地社区提供可持续生计

最佳实践 2.4.1：尊重传统、文化和精神价值的修复工作

除了提供物质价值，许多自然保护地还提供文化遗产地或资源以及其他更

多无形的价值，如自然圣境和朝圣路线，这些对当地社区和土著人民具有巨大价值，有时对更广泛的人群也具有重要意义。恢复这些文化和精神价值不仅本身具有重要意义，还能增强社会公众对自然保护地的支持，有时还能促进自然保护，如许多自然圣境的生物多样性特别丰富。尊重这些价值以及与自然保护地相关的传统知识，有助于与更广泛的社区建立稳固的合作伙伴关系。

a. 在项目的所有阶段，酌情参考现有指南，保持对所有文化价值和持有这些价值的个人的尊重。在规划开始之前，需要解决文化价值（包括已确定的自然保护地文化遗产价值）与自然价值之间的冲突，或就可能的折中方案达成共识。

参见塞内加尔河下游三角洲的修复（**第 6 章案例研究 6**）、澳大利亚的连通性修复（**第 6 章案例研究 8**）以及加拿大与土地和水资源利用相关的文化价值的恢复（**第 6 章案例研究 9**）。

b. 维护、恢复或改进文化习俗，以促进生态修复。

在加拿大的赖丁山国家公园（Riding Mountain National Park），抑制草原火灾导致白杨林每年以高达 1.1% 的速度扩张。为此，该国家公园的生态学家设计了一项火灾修复计划，模仿当地土著人民放火时期所盛行的 5~10 年的火灾周期。自实施该计划以来，管理区域白杨的蔓延得到有效遏制，森林正逐渐恢复到火灾抑制前的状态，同时促进了景观多样性的增加［2012 年与彼得·辛金斯（Peter Sinkins）的私下交流］。

加拿大赖丁山国家公园：火灾修复计划（来自加拿大公园管理局）

c. 在整合所有形式的历史信息和当前信息时，应包括土著和地方传统生态知识（TEK），以及现有的最佳科学知识。需要采用适当的技术获取 TEK，并注意避免对 TEK 的不公平利用。

在联合国教科文组织的蒙特斯·阿祖列斯（Montes Azules）生物圈保护区，通过了解墨西哥恰帕斯州南部的拉坎敦（Lacandon）玛雅人的传统生态技术，研究人员开发了用于入侵物种管理和森林修复的有效工具。获取传统生态知识需要采用特定的方法，包括半定向访谈、问卷调查、引导式研讨会和实地合作项目（Huntington，2000）。**参见第 6 章案例研究 5**，特别是关于获取传统生态知识经验教训部分。

墨西哥拉坎敦森林：通过与拉坎敦社区的农户合作，开发了用于入侵物种管理和森林修复的更有效的工具（第6章案例研究5）［来自安东尼奥·桑切斯·戈麦斯（Antonio Sánchez Gómez）］

d. 在制定生态修复目标及构建公众支持框架的过程中，要充分考虑生态系统在精神、教育、游憩和历史等方面相关的文化价值。

"计划性火烧"被重新引入加拿大皮利角国家公园，以此清除入侵物种和促进本土植物的生长，从而恢复濒临灭绝的沙嘴稀树草原。为了庆祝这一管理方式的改变，考德威尔第一民族举办了传统的火祭仪式，并向所有愿意参加的人开放。另见第6章案例研究9。

e. 通过与宗教团体合作，恢复保护地内的自然圣境、神龛和朝圣路线，从而提升精神和生态价值。

在西班牙加泰罗尼亚地区，波夫莱特修道院周围的土地已被划定为保护地，修道士与政府合作，致力于管理和改善生态系统，包括修复河岸的白杨树林（Mallarach and Torcal，2009）。

最佳实践2.4.2：考虑社会影响和公平的修复活动

生态修复通常意味着成本的投入，既包括直接投资成本，也包括更广泛的社会成本，如获取资源的限制、潜在的负面影响，甚至可能产生意外后果，如加剧人类与野生动物之间的冲突。确保事先考虑潜在的社会影响，包括对公平性的影响，将有助于最大限度地降低风险。

a. 在修复过程中，需要考虑人们对生态系统的看法，以及他们现在和将来对生态系统的利用及依赖。这包括人类与物种、陆地或海洋景观优先区之间的社会经济和文化联系，以及对这些区域资源的利用。

中美洲生物廊道横跨7个国家，是一个包含自然保护地和可持续管理的连通区域的综合体。在廊道的某些区域，修复工作发挥着至关重要的作用。由于廊道涉及国家、社区和私人土地，采取协调一致的行动并确保当地居民从中获益尤为重要（Álvarez-Icaza，2010）。

b. 在土著人民和其他当地社区与土地有着紧密联系的区域，无论他们是否有代表参与修复计划的设计，将他们的价值和观点融入生态修复工作中至关重要。所提出的修复策略需与历史、文化和政治现状相协调。

加拿大的莱尔岛作为瓜伊哈纳斯（Gwaii Haanas）国家公园和海达（Haida）遗产地的一部分，对海达族具有深远的意义。莱尔岛的修复活动旨在增强与土地及水资源利用相关的文化价值。参见第6章案例研究9和10。

加拿大瓜伊哈纳斯国家公园：阿施利岛庆典上的海达族舞蹈（第 6 章案例研究 9）（来自加拿大公园管理局）

最佳实践 2.4.3：有助于增进社会效益、经济发展机遇和公平性的修复工作

从生态系统服务中，以及直接从修复工作中获得更多的社会效益和收入来源，可以激励当地利益相关方参与修复工作（ITTO，2002）。关于替代生计方面的教育、培训和学习机会，可以促进与修复目标相契合的可持续经济活动。此外，这些努力有助于确保所有社区成员都能受益，尤其是那些被边缘化、影响力较小或权力较弱的群体。

a. 尽量确保修复项目不会加剧贫困人群的困境，至少保持，如果可能的话，增加他们的发展机会。生态修复需要考虑对当地社区生计的影响，而性别问题和就业机会是当地社区是否接受修复活动的重要决定因素。

应采用社会影响评估方法，直接评估生态修复项目对贫困人群的成本和收益方面的影响。

南非的"守护林地行动"（Working for Woodlands）（见第 6 章案例研究 4）属于一项扶贫计划，其重点关注最贫穷的农村地区；韩国的亚洲黑熊种群恢复项目（见第 6 章案例研究 2）则考虑了受黑熊重新引入而受影响的养蜂农户的生计问题。

b. 尽可能确保修复项目给依赖修复区域谋生的低收入人群带来社会和经济效益。

在伯利兹的山松树岭森林保护区（Mountain Pine Ridge Forest Reserve, Belize），修复活动为 800 人提供了就业机会，成为该地区最大的就业来源（Walden，undated）。

c. 了解农村社区的生计状况，并向

他们承诺通过修复行动来发展替代生计。

马达加斯加的凡德里亚纳·马鲁兰布（Fadriana Marolambo）国家公园及其周边地区的修复工作包含了发展替代生计的策略，以减轻贫困和减少对该区域的压力。**见第 6 章案例研究 3**。

准则 2.5：整合并协调国际发展政策和规划

最佳实践 2.5.1：与国家和国际发展政策及计划相协调的修复工作

许多自然保护地已经成为涉及社会和环境问题的国际发展项目的资助对象，或与这些项目所在区相邻。与国际发展项目的相关方合作可以助力修复项目的实施，并提高成功修复的概率。

马达加斯加凡德里亚纳·马鲁兰布（Fandriana Marolambo）森林景观修复项目：建立社区苗圃并与当地社区居民合作，有助于提升对本土物种的认识，同时还能为修复活动提供长期支持（第 6 章案例研究 3）[来自阿波利奈尔·拉扎菲玛哈特拉特拉（世界自然基金会）（Appolinaire Razafimahatratra）（WWF）]

南非亚热带灌木丛修复计划（STRP）：参与修复的工作人员。该计划通过雇佣农村社区的劳动力为当地生计提供支持（第 6 章案例研究 4）[来自 M. 鲍威尔（M. Powell）]

a. 与开发银行、机构或 / 和非政府组织合作，开展聚焦生态修复的政策和计划的合作。

红十字会在越南红河三角洲生物圈保护区开展红树林修复工作，致力于解决保护和生计问题。世界银行也支持湄公河三角洲地区的红树林修复项目，如芹椰（Can Gio）生物圈保护区。**另见第 6 章案例研究 10**，以了解在伊拉克南部沼泽修复工作中，协调多个机构和非政府组织所面临的挑战。

原则 3：与合作伙伴和利益相关方合作，促进广泛参与和提升访客体验

准则 3.1：在生态修复规划、实施和评估的过程中，与土著人民、当地社区、土地所有者、公司企业、科学家以及其他合作伙伴和利益相关方合作

最佳实践 3.1.1：促进利益相关方认同、参与、包容和协作的修复过程

生态修复意味着对土地 / 水和其他资源的无限期、长期的承诺，并且通常需要我们主动停止导致生态退化的活动。因此，经过多方协调形成的集体决策，相对于单方面决策，更能确保在长期的时间跨度和政治变革中得到贯彻执行及维持。在修复项目启动阶段，积极与合作伙伴和利益相关方沟通，深入了解他们的观点和优先事项，有助于建立稳固、有效的伙伴关系。了解利益相关方的世界观、观点和优先事项，可以为项目的规划和沟通提供信息。在建立关系的过程中，务必确保承诺、时间期限和期望切合实际，避免夸大潜在的效益。同时，考虑到每个人的参与都需要投入时间，应根据修复对象的价值 / 属性和修复区域的特点，灵活调整参与的时间、空间范围和频次。

a. 确定并动员所有对修复工作感兴趣的合作伙伴和利益相关方，包括所有将受到影响的群体，即使他们在地理位置上与项目区相距甚远。

英属维尔京群岛（The British Virgin Islands，BVI）国家公园信托基金会的"锚泊地计划"旨在保护珊瑚礁免受锚具破坏，同时促进其自然恢复。该计划已在维尔京群岛内 65 个热门的浮潜和潜水点安装了 160 个锚泊设施。计划启动之初，信托基金会便与私营潜水运营商建立了密切的合作关系，这些运营商不仅参与了计划的实施，而且在信托基金会董事会中也有代表席位。该计划需要持续的监测、监督和执行，共有 6 名海上监管员负责锚泊设备的日常维护和巡逻[2011 年与南希·伍德菲尔德·帕斯科（Nancy Woodfield Pascoe）的私下交流]。**见第 5 章中生态修复阶段 1.2**。

b. 在信任、开放和利益共享的基础上，与利益相关方建立关系。

在韩国的智异山国立公园（Jirisan National Park），约有 20% 的土地是私人所有的。重新引入亚洲黑熊（*Ursus thibetanus*）种群恢复项目必须解决人类活动区域和黑熊栖息地的重叠问题。为此，该项目与当地政府和社区合作，制

定了针对黑熊造成损害的赔偿计划，监测黑熊活动，以及制定推广教育和宣传材料。**见第 6 章案例研究 2**。

c. 确保支持物种管理的生态学依据得到公众和其他利益相关方的充分理解与支持，鼓励他们适当参与，并在整个过程中保持有效的沟通。

瑞典的一项研究表明，随着人们对该国狼群恢复计划的了解加深，他们对这一问题的态度也会变得更加积极（Ericsson and Heberlein，2003）。英格兰的邓肯·唐（Duncan Down）社区保护项目为当地居民制作了一份简洁且有吸引力的宣传册，其介绍了该区域的栖息地以及修复和管理它们的原因与方式（Friends of Duncan Down，undated）。

d. 识别导致生态退化的人类需求和行为，并制定策略促使人们作出改变，以保护现有的自然保护地并促进其修复。

帮助当地社区了解替代生计相对于传统的轮垦农业所带来的益处，对于马达加斯加凡德里亚纳·马鲁兰布（Fadriana Marolambo）国家公园及其周边地区修复活动的成功实施至关重要。**见第 6 章案例研究 3**。

最佳实践 3.1.2：在现有自然保护地内进行的协作修复工作

推动社区参与修复工作有助于他们与自然保护地建立联系，并分享或学习有助于修复工作的知识。

a. 探索推动居住在保护地内及其附近的居民参与修复项目的方案，包括重新引入传统习俗。

在克罗地亚的隆斯科·波列（Lonjsko Polje）自然公园，入侵植物紫穗槐（*Amorpha fruticosa*）正在破坏湿地生境。单纯的物理刈割方法无法控制紫穗槐的扩张，但是刈割后再通过当地农民在保护区内放牧斯拉沃尼亚·斯雷姆·波多利安牛（Slavonian Symrian Podolian cattle）则可有效控制其扩张。该举措不仅为牧民提供了牧场，并且促进了高品质传统牛肉制品的市场发展［2012 年与 G. 古吉奇（G. Gugić）的私下交流］。

最佳实践 3.1.3：在社区保护地内开展合作的修复工作

成功的生态修复往往源于社区基于本土文化价值自行对其保护地开展的修复工作。

a. 通过在土著和社区保护地，以及其他由土著人民和当地社区可持续管理的土地和水域开展合作项目，能将生态系统修复扩展至国家保护地体系之外。这些项目的重点通常是实现对人类和自然都有利的修复，如生态系统服务的恢复。

在菲律宾巴拉望岛的普林塞萨地下河国家公园（Puerto Princesa Subterranean River National Park），一个由当地土著主导的生态修复项目成功恢复了两处土著祖传领地内的退化森林，当地社区参与了监测和保护工作（Brown *et al.*，undated）。在印度阿萨姆邦的查克拉希拉（Chakrashila）野生动物保护区，周边的村庄协助将周边森林划定为保护区，并恢复其森林，旨在恢复本地特有物种金色乌叶猴（*Trachypithecus geei*）的种群数量，并通过生态发展项目推动社会发展（Pathak，2009）。

准则 3.2：协作学习和能力建设，促进对生态修复各项行动计划的长期参与

最佳实践 3.2.1：致力于持续的相互学习的修复工作

学习机会有助于加深对自然系统的认识和理解，并可促成对修复目标的全面承诺（Schneider，2005）。

a. 鼓励土著人民参与修复过程和/或发展他们的传统生态知识，特别是在社区已经丧失了传统生态知识，或者当前的生存压力可能阻碍修复计划实施的情况下。

阿克韦萨斯尼（Akwesasne）莫霍克社区的成员正与加拿大圣劳伦斯群岛（St. Lawrence Islands）国家公园合作，致力于减少当地的鹿种群数量。合作项目为莫霍克人提供了一个与对他们具有重要精神和传统意义的地域重新建立联系的机会。同时，该项目还为社区年轻人提供了学习世代相传的捕猎技术的机会（Parks Canada，2008a）。参见第 6 章案例研究 5 和 10。

b. 将利益相关方纳入以行动为导向的研究中（如公民科学），协助建立对相关问题的共同认知。

加拿大圣劳伦斯群岛国家公园（St. Lawrence Islands National Park）：阿克韦萨斯尼莫霍克社区成员正在协助开展减少鹿种群数量的工作（来自加拿大公园管理局）

在中国，广东省林业科学研究院举办了一场利益相关方的研讨会，分享森林修复的经验，识别关键挑战、主要教训和各利益相关方期望的成果（Chokkalingam *et al.*，2006）。

c. 分享经验和教训。

生态修复协会的全球修复网络（Global Restoration Network，GRN）就生态修复提供了多元化的信息，包括深入的案例研究、行之有效的修复方法和技术。GRN 的首要任务是为科研、项目和实践者搭建沟通桥梁，以促进经验、愿景和专业知识的创新交流[①]。

---

① http://www.globalrestorationnetwork.org/

最佳实践 3.2.2：通过获取可转移的知识和技能从而提升能力的修复工作

通过参与保护地的修复工作，人们掌握了技能和知识，进而有能力为其他地区类似的修复工作提供经验和见解。

a. 加强利益相关方、保护地管理者和工作人员的能力建设，以拓展和改进生态修复工作。持续积累和传承这些专业知识，并确保其在将来可被有效利用。

韩国智异山国立公园的重新引入亚洲黑熊种群恢复项目还致力于提高公众对偷猎影响的认知，并任命当地居民作为"荣誉巡护员"来协助清除非法捕猎陷阱，迄今已清除了 270 多个非法陷阱。**参见第 6 章案例研究 2 和 4**，在南非，通过商业技能和生态修复方面的培训，有效提升了农村贫困人口的个人能力。

准则 3.3：有效沟通，为生态修复的全过程提供支持

最佳实践 3.3.1：将宣传贯穿于全过程的修复工作

在项目实施之前、实施期间和实施之后进行有效的宣传，对于提升公众对修复目的的认知和支持非常重要，特别是当修复策略中涉及可能引起公众和利益相关方消极反应的行动时，如使用除草剂、宰杀活体动物或限制某些区域的公众访问。

a. 在实施修复行动之前，需要确定所需的宣传类型和深度。这可能包括简单的临时标识牌，用于说明采取某项措施（如刈割杂草）的原因，也可能包括一套详尽的宣传册、标识牌和展示板，用于详细介绍大规模的修复项目。

在英国康沃尔和西德文矿区景观世界遗产地，设置了关于喷洒药物以清除入侵物种的临时标识牌，解释植被出现死亡的原因，同时提醒徒步旅行者注意潜在的污染风险[①]。**见第 5 章中生态修复阶段 1.3**。

b. 在所有生态修复项目中实施宣传和推广策略，包括尽可能通过有意义的游客体验来提供学习机会。

在芬兰鸟湾生物项目（Lintulahdet Life Project）设计中，制作教育和宣传材料是尤为重要的一部分。**参见第 6 章案例研究 1** 和**第 5 章中生态修复阶段 6.2**。

c. 确定各种宣传机制的目的、目标受众和沟通频率。

在德国的拜恩林山国家公园，提升公众对生态过程的理解已成为一种重要的沟通方式。公园内一条名为"灵魂之路"（Seelensteig）的木栈道，为当地居民和游客提供了了解森林再生的自然过程的机会。**见专栏 12**。

d. 在沟通、学习和修复体验中，识别引起退化的根本原因和直接原因及其后果，并清晰传达修复带来的预期效益。同时，要预见公众可能的看法、关切和问题，并进行妥善处理。

上乌明（U Minh Thuong）国家公园

---

① http://www.telegraph.co.uk/earth/earthnews/5362289/Japanese-knot weed-purge-by-National-Trust.html

英国康沃尔和西德文矿区景观世界遗产地：海岸人行道上关于喷洒药物以控制入侵物种的标识牌 [来自休·斯托尔顿（Sue Stolton）]

是越南南部湄公河三角洲的一块淡水湿地。排水渠使得该地区在旱季更容易发生火灾，因此，公园管理人员关闭了这些排水渠。采用这种方式虽然防止了野火的发生，但也导致季节性洪水的持续时间变长，造成树木大面积死亡。目前正在尝试重建原有的水文系统，初步研究表明树木的再生状况正得到改善[2012 年与戴维·兰姆（David Lamb）的私下交流]。

e. 报告修复成功和失败的情况，以及对初始修复计划所作的任何更改，包括作出这些更改的原因。

加利福尼亚州的海峡群岛国家公园编制了一份 5 年期的进展报告，其涵盖了海洋保护地生态修复成功与失败的经验（Airamé and Ugoretz，2008）。**见第 5 章中生态修复阶段 7.3**。

f. 在制定社会营销和宣传策略时，考虑当地社会背景下的价值观、行为以及可能出现的反应。**见第 5 章中生态修复阶段 1.3**。

g. 即使阶段性成果不是最终的或"突破性的"，也需要与利益相关方开展定期、非正式、包容性的沟通，并以通俗易懂的方式，及时提供科学研究成果。

在巴西大西洋森林地区的修复项目中，特别强调了研究工作及其成果的快速传播，便于他人复制其成功经验，避免失败。**参见第 6 章案例研究 7 以及第 5 章中阶段 6.2 和阶段 7.4**。

h. 强调各个合作伙伴、利益相关方和当地社区在促进修复项目成功实施方面所作出的努力和贡献。

德国拜恩林山国家公园：名为"灵魂之路"的木栈道是让游客了解森林再生的自然过程的成功方式［来自玛丽亚·胡斯林／拜恩林山国家公园（Maria Huslein/Bavarian Forest NP）］

关于美国卡纳维拉尔国家海岸公园牡蛎礁修复的网络报道（**见第 6 章案例研究 12**），肯定了众多合作伙伴的贡献[1]，并强调了项目中的公众参与。

最佳实践 3.3.2：利用多种沟通方式来确保修复工作的包容性

采用多种工具和方法接触不同的受众，使沟通和学习更为有效。

a. 设计多样的沟通和学习方案（如当地会议、导览、讲座、展览、使用各种媒体），通过一系列的设施进行展示（如信息卡片、教育步道），并面向多元的受众（如本地公众、游客和儿童）。

巴西瓜拉克萨巴（Guaraqueçaba）环境保护区的修复项目针对不同的受众（如员工及其家庭、学童、社区团体）制定了环境教育计划，以增加公众对自然和保护价值的认知与理解。**另可参见案例研究 1、4 和 7**。

准则 3.4：通过参与生态修复并体验其成果，为公众和利益相关方创造丰富的体验，增强他们对自然保护地的归属感和责任感

最佳实践 3.4.1：为自然保护地访客提供就地的体验式学习机会的修复工作

生态修复工作应尽可能为访客提供体验和学习机会，让他们亲身参与修复活动或深入了解恢复后的生态系统，从而使他们与自然保护地建立更紧密的联系。此外，修复项目也要审慎考虑其可能对访客体验产生的任何负面影响。

a. 为访客、利益相关方和合作伙伴提供直接参与修复项目的机会，使他们能够了解基本的修复概念和基本原理。同时，确保他们能获得积极的、充满希望的体验，并与自然建立更深层次、更有意义的联系，从而推动社会各界对保护区的广泛支持和参与。

在 加 拿 大，沃 特 顿 湖 国 家 公 园（Waterton Lakes National Park）的 外 来

---

[1] http://www.nature.org/ourinitiatives/regions/northamerica/unitedstates/florida/ex-plore/floridas-oyster-reef-restoration-program.xml

植物管理计划旨在根除、控制并预防那些威胁公园植被群落及公园邻近社区经济的外来植物的种子繁育。公众和当地社区参与了公园内 Blakiston Fan 区域的外来植物清除活动（Parks Canada，2012b）。在美国，合作伙伴机构、组织、公司的支持以及社区的参与是成功恢复卡纳维拉尔国家海岸牡蛎礁不可或缺的因素。**见第 6 章案例研究 12**。

b. 生态修复项目监测包括开展访客体验和学习成果的监测。

在美国加利福尼亚州海峡群岛国家公园的圣克鲁斯岛（Santa Cruz Island）上，有一个名为囚犯港（Prisoners Harbor）的湿地 - 河岸修复区，访客在乘船抵达岛屿时就会看到一个展示修复项目的解说牌。该解说牌描述了造成该区域退化的原因、修复的目标、计划修复活动以及预期效益［2012 年与 J. 瓦格纳（J. Wagner）的私下交流］。**见第 5 章中生态修复阶段 5**。

最佳实践 3.4.2：有助于访客获得难忘体验的修复工作

生态修复项目可以通过提升自然保护地的自然、美学、休憩及其他价值，增强人们对户外活动的享受和参与体验。访客通过参与修复工作，能够获得有意义且难忘的保护地体验。研究表明，参与修复工作的志愿者通常对生态管理的初次体验很满意（Miles *et al.*，1998）。

a. 在生态修复项目中，应推动负责任的志愿者参与、探索和学习，如通过强调文化议题（社交仪式和表演、娱乐等）

来实现。

在芬兰鸟湾生物项目（Lintulahdet Life Project）中，通过世界自然基金会（WWF）组织的志愿者营地活动，动员志愿者参与实际的修复工作。**见第 6 章案例研究 1**。

b. 在项目规划期间，需要考虑修复项目对访客体验可能产生的积极和消极影响。

在泰国中部的考艾国家公园（Khao Yai National Park），修复项目已发展到访客愿意付费种植幼苗或播种的阶段［2012 年与戴维·兰姆（David Lamb）的私下交流］。在加拿大国家首都委员会进行的加蒂诺公园粉红湖修复项目，其目的是通过限制性开放湖泊周边，并提供有趣且富有教育意义的解说体验，获得公众的尊重和支持（Parks Canada，2011c）。

c. 在提高修复效率和效果的同时，考虑如何通过访客和其他志愿者的个人努力来激发和提高人们的积极性。

印度喜马拉雅山脉巴德里纳特神庙（Badrinath shrine），鼓励朝圣者携带并栽种一棵树，以帮助恢复这片神圣的森林（Bernbaum，2010）。**另见第 6 章案例研究 12**。

d. 如果生态修复项目中设计了对生态敏感区限制访问的措施，应确保引导访客的方式能够提升他们对修复区的体验。

芬兰鸟湾生物项目设计了一些措施以尽量减少访客对生态敏感区的影响，同时通过改善自然观赏条件来提升访客体验，如提供观鸟塔、观景平台、解说性自然步道和其他访客教育材料。**见第6章案例研究1。**

最佳实践 3.4.3：激发自然保护地内外行动的修复工作

认识到自然保护地的修复工作所带来的益处，可以调动人们管理自然保护地的积极性，并参与其他区域的生态修复工作。

a. 将已经成功实施修复计划的自然保护地作为示范点，激励和促进在更大尺度的陆地和海洋景观开展修复行动。

在芬兰保护地，成功的森林和泥炭地修复场地经常被用于培训和指导在自然保护地外从事生态修复工作的从业者、学生及其他公园访客。此外，修复从业

美国卡纳维拉尔国家海岸公园：志愿者测量自然礁体上牡蛎的生长高度，作为衡量牡蛎礁修复是否成功的指标之一（第6章案例研究12）[来自安妮·P. 伯奇（Anne P. Birch），大自然保护协会]

美国卡纳维拉尔国家海岸公园：保护机构和志愿者正在制作并铺设牡蛎礁垫以开展潮间带牡蛎礁修复（第6章案例研究12）[来自安妮·P. 伯奇（Anne P. Birch），大自然保护协会]

加拿大沃特顿湖国家公园：一位志愿者正在协助控制入侵植物斑点矢车菊（*Centaurea stoebe*）（来自加拿大公园管理局）

者和学生也经常访问一些修复效果不佳的区域，以便从中学习并吸取经验和教训①。在美国卡纳维拉尔国家海岸，牡蛎礁修复项目为其他河口的生态修复提供了宝贵经验。在北卡罗来纳州，牡蛎礁的垫层技术被用于应对海平面上升和海岸侵蚀问题，并被作为一种稳定硬质海岸线的自然替代方案向周边的房产业主展示，以替代传统的硬质海岸稳定措施。**见第 6 章案例研究 12。**

专栏 12

深入观察
德国拜恩林山国家公园通过辅助自然再生恢复天然林

在德国，一项不干预政策对森林修复的传统方法提出了挑战（Bayerischer Wald National Park，2010），这凸显了对修复计划进行有效沟通的重要性。

在 20 世纪 80 年代初，两次暴风雨导致拜恩林山国家公园超过 170 hm² 的森林被连根拔起。拜恩州农林部负责人决定不清理受损的树木，而是让森林自然恢复（Bavarian Forest National Park，2012），同时还保留了 5 万 m³ 左

① http://www.metsa.fi/sivustot/metsa/en/Projects/LifeNatureProjects/BorealPeatlandLife/communication/Sivut/Communication.aspx

右未受影响的木材（Kiener，1997）。在暴风雨过后的几年里，风口边缘的脆弱树木吸引了大量的树皮甲虫。随着树皮甲虫数量的增长，公园管理部门再次决定不进行干预，而是在公园范围内让其自然发展（缓冲区阻止了树皮甲虫向公园外扩散）。最终，树皮甲虫的数量减少了，但在此之前已经造成了超过 6000 hm^2 的老云杉林的破坏。

这项不干预政策引发了当地社区问题，社区希望公园管理部门清除枯木，阻止树皮甲虫的扩散。当地社区反对不干预政策的原因主要是基于对珍贵木材腐烂而影响经济的担忧，以及这种无人打理的方式影响了森林的美感（von Ruschkowski and Mayer，2011）。为了提高公众对生态过程和自然再生的理解与认识，公园管理部门采用各种公众教育和宣传工具，如宣传册、解说展览、新闻稿以及社区和学校活动。公园保护部门负责人汉斯·基纳（Hans Kiener）指出，向人们传达不干预政策的最重要且最成功的方法之一是建造一条长达 1.3 km 的木栈道，名为"灵魂之路"（Seelensteig）。"灵魂之路"使人们能够参观风灾区域，并了解天然森林再生的知识。在木栈道沿途放置了刻有诗歌的木制面板，以此来牵动访客的情感和心灵。访客可以看到，几个世纪以来云杉林基本是作为单一树种进行管理，而在相对较短的时间内，森林已经再生，物种多样性变得更加丰富，生态结构也更加多元化［2011 年与汉斯·基纳（Hans Kiener）的私下交流］。

德国拜恩林山国家公园：通过讲解为访客提供体验和了解荒野的机会［来自玛丽亚·胡斯莱因（Maria Huslein）/拜恩林山国家公园］

第5章

保护地的修复流程

本章介绍了在自然保护地开展生态修复的 7 个步骤，各个步骤并不是严格按顺序进行的，有些环节（如适应性管理）需要贯穿项目始终。本章通过一系列图表及提供补充信息的专栏，对生态修复流程进行详细阐述。

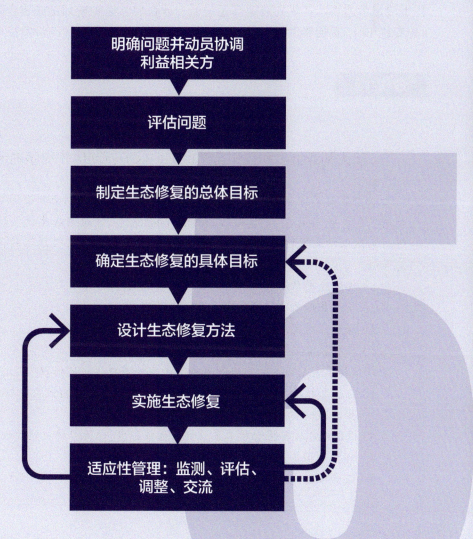

原则、准则和最佳实践为自然保护地管理者及其合作伙伴实施生态修复项目提供了全面、科学的方法和指导。本章总结了如何将这些方法整合到一个设计和实施框架中，以提高修复成功的可能性，同时概述有助于管理者更好地规划、实施和监测项目的 7 个阶段。

与任何管理行动一样，生态修复最好在自然保护地、保护地网络以及周围陆地或海洋景观的整体管理框架下进行。许多因素都会影响决策，如修复干预手段是否适当、其优先级是高还是低（见专栏 13）、需要谁参与以及目标是什么。评估项目区域的管理目标及相关的地方或国家政策和法规，是项目开始的第一步。此外，梳理区域性和国际性的保护战略、目标、计划和政策，对项目决策具有重要的指导意义。例如，涉及入侵物种控制或气候变化减缓的国家、区域或全球行动计划，可能会影响修复目标。

自然保护地的主要自然价值及其相关的价值通常会在规划文件中予以明确（理想情况下，应体现在管理计划中），或在自然保护地划定或建立时的资料里有所体现。所列举的价值往往是管理的

专栏 13

深入观察

澳大利亚维多利亚州自然保护地保护行动优先次序确定

一个现有的优先次序确定方法示例是澳大利亚维多利亚州公园管理局使用的"保护等级框架"（Parks Victoria, undated）。该框架在生物区域背景下进行自然保护地规划和管理，根据以下内容评估生物多样性属性的价值和优先等级。

1）保护生态系统和现有生物多样性的范围。

2）某些属性需要依赖特定公园以保障其安全。

3）通过应对高风险威胁来保护生态系统的结构和功能。

4）保护较重要种群的生存力和完整性。

评估标准利用现有的网络数据来衡量生物多样性，包括以下几方面。

1）在生态植被类别和物种水平上，稀有或衰退特征的代表性与状态。

2）生态植被类别和物种水平上的多样性。

3）根据内部破碎化和非本土植物的暴露程度，评估维持自然过程的概率。

4）对单一和多重威胁的敏感程度。

5）威胁程度（对威胁进行管理的效率以及成功管理的可能性）。

优先事项，并非涵盖所有的自然价值。然而，在许多情况下，针对某些特定的管理优先事项（如濒危物种）的修复工作，实际上需要进行更广泛的生态修复。此外，众多保护地还具有文化遗产价值，如自然圣境或历史遗迹，这些价值需要得到尊重。在一些情况下，自然保护地的自然与文化价值可能相互交织，并通过生态修复得到提升。

无论保护地的管理重点是什么，通过评估修复区域或附近区域的基础信息，如其他地区类似修复工作的结果、当地社区的态度、潜在合作伙伴的兴趣和支持程度，以及修复工作所需的资源，可以确定修复是否可行和适当。

生态修复项目的规划和实施是一个反复迭代的过程。本章提出的框架特别强调了规划和设计要素，以便制定有效、高效和参与式的生态修复方案。对于那些以前未开展修复，或曾开展修复工作但未成功的自然保护地，这一点尤为重要。然而，本章着重强调的是，适应性管理是生态修复的重要组成部分。

尽管本书讨论的一系列行动步骤是线性列表，但图 5-1 表明，项目要取得成功，必然要采取更加灵活和适应性更

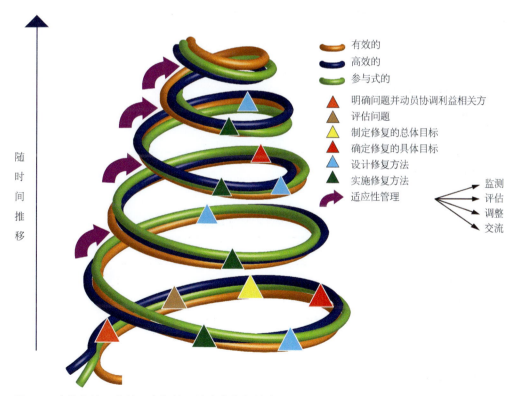

图 5-1　实施有效、高效且参与性强的生态修复概念图
生态修复过程（见表 5-1）的 7 个关键步骤沿着螺旋的第一个循环排序，代表了第一个完整的适应性管理周期。生态修复的 3 个核心原则联结在一起，表明综合性方法的重要性。随后的循环代表了通过监测和评估，对项目设计与实施进行定期审查和必要调整，并交流结果（即适应性管理），以确保既定目标的实现。随着时间的推移，螺旋中的循环越来越小，表示实现目标或维持修复后的生态系统所需的努力强度逐渐变小

表 5-1　生态修复的规划和实施框架

阶段1　明确问题并动员协调利益相关方

阶段1.1：明确修复工作需要解决的问题，包括可能产生的成本

阶段1.2：确保利益相关方的早期参与

阶段1.3：制定沟通宣传策略

阶段2　评估问题

阶段2.1：评估现状

阶段2.2：确定参照生态系统，并识别当前状况与预期状况的差距

阶段2.3：必要时进行环境和社会影响评估

阶段2.4：确保信息管理系统运行良好

阶段3　制定生态修复的总体目标

阶段3.1：制定修复的总体目标和成果产出

阶段4　确定生态修复的具体目标

阶段4.1：确定可衡量的具体目标，并考虑初步的监测计划

阶段5　设计生态修复方法

阶段5.1：明确范围，考虑一系列备选方案并选择最合适的方案

阶段5.2：制定实施计划

阶段5.3：制定监测计划，包括评估生态修复过程和效果的标准与指标

阶段6　实施生态修复

阶段6.1：开展修复

阶段6.2：根据沟通宣传策略，进行项目进展的沟通宣传（见阶段1.3）

阶段7　实施适应性管理

阶段7.1：使用合适的适应性管理工具和方法（主动或被动）

阶段7.2：监测并评估修复结果

阶段7.3：根据评估结果，酌情调整阶段5和阶段6，个别情况下调整阶段4

阶段7.4：传达结果，并酌情使利益相关方持续参与（见阶段1.2、1.3和6.2）

强的流程。为适应新的研究、监测数据或其他新的信息的变化，项目必须采取迭代的方法，即通过重复关键步骤以实现期望目标。如上所述，在**表 5-1** 中阐述的生态修复流程中，特别强调在确定修复项目之前进行详细的、参与式的评估和规划，这些步骤不是静态的、一成不变的，而是一系列动态的过程。**图 5-1** 亦表明，项目需要持续开展监测、评估、调整和交流，这要求项目管理者在项目执行期间需要多次审查修复目标与方法。

该框架的各个阶段提醒我们，生态修复需要一个逻辑清晰、透明的流程。该框架与保护和发展项目中常用的其他框架有许多相似之处。例如，生态风险评估框架展示了如何将修复工作纳入环境质量计划或大规模的非政府组织可持续发展项目。

表 5-1 详细阐述了每个阶段，而本章后续内容就这些阶段的实施提供了深入讨论、实用建议和信息资源。该流程是一种理想状态，在应用时，需要结合实际。例如，并非自然保护区内的所有小型修复项目都需要与利益相关方全面协商或进行环境影响评估，以免引起利益相关方的厌倦。然而，建议每个修复项目都应全面考虑所提出的各个步骤，因为大多数项目在一定程度上都能从这些步骤的实施中获益。

尽管如**图 5-1** 所示，这些阶段以列表的形式呈现，但实际上许多阶段是同时进行的。例如，利益相关方的参与和适应性管理都贯穿于整个修复过程，而不是作为独立的步骤存在。

阶段 1：明确问题并动员协调利益相关方

行动	生态修复流程和准则
1. 明确需要解决的修复问题	见阶段 1.1、准则 1.1 和准则 1.2
2. 确定需要参与、告知和咨询的利益相关方	更多信息见阶段 1.2，以及准则 3.1 和准则 3.2
3. 制定沟通宣传策略	见阶段 1.3 和准则 1.5、准则 2.4、准则 3.3

阶段 1.1: 明确修复工作需要解决的问题，包括可能产生的成本，以及了解是否有可供借鉴的成功案例

在现有资料的基础上，应与相关合作伙伴和利益相关方合作，共同编制一份问题说明（**见专栏 14**），并将其作为重要的初步依据，用于分析和确定生态

修复是否作为解决该问题的恰当且有效的对策。若条件允许，应积极查阅其他解决类似问题的修复项目资料，或与这些项目的参与者进行沟通交流，以了解有效和无效的措施，以及修复的成本。在实施常规监测的过程中，若发现生态系统的自然价值或已确定的其他价值的关键指标值低于预定阈值，可识别出潜

在的修复需求。此外，一些零星的信息也可能清晰地表明，自然保护地的价值已经或正在退化，而修复将有助于扭转这一局面。无论当前掌握的信息如何，问题说明都应考虑以下内容。

a. 问题：对问题进行描述（如目标野生动植物的减少、入侵物种的出现、关键栖息地的丧失、文化景观的消失），并尽可能提供有关问题所涉及的空间范围、持续时间和变化速度的定量数据。

b. 原因：在已知原因的情况下，对产生问题的直接成因和任何潜在的根本原因进行描述。例如，野生动物数量下降的直接成因可能是非法偷猎，而根本原因则可能是贫困、保护地管理不善或野味贸易频繁。对这些原因进行梳理，有助于我们初步列出一系列可能的解决方案。

墨西哥拉坎敦森林：一位参与拉坎敦森林修复工作的传统农民维森特·帕尼亚瓜（Vicente Paniagua）的儿子，名字叫波尔塔达（Portada）（第 6 章案例研究 5）（来自玛丽亚·路易莎·蒙特斯·德·奥卡（Maria Luisa Montes de Oca））

c. 修复的理由：阐述生态修复是恰当的且可能成功的理由。这需要提供确凿的证据，用于说明修复后的栖息地或物种将不会再次面临导致初始问题的压

专栏 14

深入观察
问题说明实例

毛里塔尼亚迪亚林国家公园的问题说明（见第 6 章案例研究 6）。

问题：塞内加尔河下游三角洲丰富的河漫滩、红树林、沙丘生态系统曾是国际重要的水鸟越冬地和繁殖地，而如今已成为一个"盐碱沙漠"，这对生物多样性和当地社区生计造成了毁灭性的影响。

原因：多年的干旱以及用于农业灌溉和水力发电的大坝建设，导致下游三角洲区域每年雨季的洪水消失。

修复的理由：通过重新引入洪水来恢复下游三角洲更广泛区域的生态系统功能，将有助于恢复三角洲的自然价值，并促进社区生计的发展。

力的威胁。例如，如果偷猎行为仍未得到有效控制，那么投入资源以增加野生动物数量将是徒劳的。

问题说明是适应性管理的重要组成部分，这将在后续阶段中讨论。若问题说明足够准确清晰，将有助于确定必要的应对措施，以及评估进展所需的监测要求。

专栏 15

深入观察
确定主要的利益相关方和合作伙伴并与之合作

向广大受众宣传生态修复项目的目标及其潜在影响，以及在生态修复的各个阶段促进合作伙伴和利益相关方的参与，对确保项目的成功至关重要（Getzner *et al.*，2010）。

在生态修复项目的初期阶段（如阶段 1 和阶段 2），必须将该区域的修复初步构想（通常由少数人提出）与所有利益相关方进行分享。在此期间，应明确项目的主要利益相关方，并与之共同制定修复愿景。利益相关方包括所有利用和重视该区域的个人和组织，以及那些可能受到修复工作影响的群体。在该阶段，重要的是明确每个利益相关方与该区域的关系、他们的角色和责任，以及他们当前活动对区域的影响。此外，还应识别并区分不同的利益相关方群体：直接利益相关方是指那些在修复项目中将直接受到影响的个人或群体（可能受益或遭受损失），以及项目执行需要获得其许可、批准或资金支持的相关方，同时可能包括需要与之建立正式伙伴关系的土著群体、土地所有者、农民、政府机构；间接利益相关方是指间接受到影响的个人或群体，如当地居民；其他利益相关方是指那些与项目没有直接联系，但拥有影响力或政治权力的个人或群体，如政治家、舆论领袖等，以及对某方面感兴趣的访客、非政府组织、科学家和普通公众等（Alexander，2008）。

在生态修复项目的中期阶段（如阶段 3 和阶段 4），与利益相关方沟通和参与的重点在于深入了解生态修复项目可能遇到的阻力。通过邀请关键参与者参与规划过程，有助于在该区域获得他们对生态修复项目更广泛的认同。

在生态修复项目的设计（阶段 5）、实施（阶段 6）和管理（阶段 7）过程中，与利益相关方沟通和参与的重点在于各相关方参与管理活动，并同利益相关方、合作伙伴、决策者、访客和公众交流，分享各种技术信息。

阶段 1.2：确保合作伙伴和利益相关方的早期参与

识别并动员利益相关方和合作伙伴的参与对于生态修复项目的成功至关重要，包括当地社区、土著人民、政府机构、高校、科研人员、土地所有者、企业与公司、环保组织、旅游机构、娱乐行家、本地专家、访客和公众。生态修复的第三项原则及其相关的最佳实践为合作伙伴及利益相关方参与修复项目提供了指导。有效的参与方式很多，可以是简单地告知合作伙伴、当地社区以及对修复项目有商业、生计或娱乐利益的个人或群体，也可以是主动邀请他们参与其中或征询他们的意见，还可以是获得他们的认可并与之建立对项目成功至关重要的合作关系。在这种情况下，项目所涉及的社会复杂性增加，可能需要采用更广泛的社会学习和适应性管理方法（**专栏 16**）。

在生态修复项目中，利益相关方的早期参与通常是项目成功的最佳实践，这不仅体现在项目规划方面，也体现在利益相关方对生态修复在实现更广泛的保护目标中的作用的认识和理解方面。利益相关方的参与从问题说明阶段（阶段 1.1）开始，并可能包括沟通宣传策略的制定和实施（阶段 1.3）。确定参与其中的所有合作伙伴和利益相关方至关重要，同时要认识到不同参与者的参与程度会有所差异。其中，需要特别关注对当地生态系统及其退化原因了解深入的人，以及被边缘化的资源使用者（如妇女和老人）、被迫迁移者和无权无势的人

（Ramsar Convention on Wetlands，2003；Colfer *et al.*，1999）。

利益相关方和合作伙伴的参与有助于识别和确定保护地内生态系统的自然和文化价值。需要注意的是，项目必须获得拟修复区域土地和水域所有者及管理者的事先知情同意。在项目后期阶段，利益相关方和合作伙伴的参与包括以下几个方面：分享生态系统的相关信息（阶段 2）、制定项目的总体目标（阶段 3）、确定项目的具体指标（阶段 4）、获得对拟开展修复工作的许可，以及为项目的规划、实施和监测提供必要的技能、知识、财务和人力资源的支持（阶段 5~7）。

动员利益相关方参与的首要步骤是深入了解生态修复项目所在区域的社会文化环境，包括历史、冲突和解决方案、组织间的网络关系、利益相关方之间的关系、机构的优先任务，以及过去在自然保护和生态修复领域中的实践经验。

在生态修复项目中，必须采用多种方式来吸引利益相关方的参与，并且根据利益相关方的经验和问题的复杂性来调整方式，如研讨会、村民代表会议、公众开放日、以访客为中心的活动、建模和情景研讨会、临时项目办公室、咨询委员会、采用本土或区域规划程序、学习交流。一个国家的文化背景将决定上述这些方式的适用性（Borrini-Feyerabend，1996；Jackson and Ingles，1998）。

利益相关方之间的关系可能非常微妙和敏感，因此，可能需要一些调解和谈判的技巧。应在参与生态修复的各方之间建立透明和互动的冲突解决机制。

专栏 16

修复概念

深入思考——对适应性管理方法和社会学习的融合

正如 Reed 等（2010）所论述的，"社会学习"的概念是不断发展的。有效的社会学习过程可以通过以下几点来识别：①证明了参与者在理解和认识上的改变；②证明了这种改变不仅限于个人，而是扩展到更广泛的社会群体单元或实践社区中；③这些改变是通过社会网络中参与者之间的社交互动和过程实现的。一些保护地管理者可能希望基于以下观点，进一步探讨这一概念。

1）共同发起并确定范围和内容：建立共识；停下来倾听和了解他人的需求和面临的挑战。在共同发起阶段，主要目标是组建一个致力于推动项目成功实施的工作组。该工作组成员应全面代表能够促成变化的所有声音和关键人物。建立信任、增强归属感，并准确把握各方的需求至关重要。在这一阶段，修复项目的范围和内容将得到更明确的界定（阶段 5.1），旨在满足保护地目标的同时，也兼顾保护地及其周边地区利益相关者的目标。此外，该过程还能为保护地外的修复工作筹集额外的资源和资金。以下活动可能是该过程中的一部分：与关键人物的私人会议、与利益相关方的个人访谈、收集和分析现有数据及专家咨询、启动会议、成立工作组（通过签署意向书）。

2）共同感知（观察，观察，再观察）：从各个角度收集数据和见解，并深入分析现状。在这一阶段，以集体参与的方式开展学习非常重要。旨在使所有利益相关方之间（每个人都需要设身处地理解他人的立场）形成集体意识和共识，包括退化区域所面临的挑战和制约因素、修复工作的机遇与益处，以及他们各自的角色和责任。此阶段要向所有利益相关方灌输这样一个观念：他们是问题的一部分，也可以成为解决方案中的一部分。这个过程旨在培养共鸣。以下活动可能是该过程的一部分：工作组会议、利益相关方的研讨会、利益相关方的考察交流、应用研究、志愿者活动、简报或热门文章。

3）"预设感知"和规划：停下来，反思并相互提醒这项工作的重要性。在这一阶段，我们将有机会反思所学的知识，并观察利益相关方认知和观念的变化。在前一阶段中形成的集体认识和理解，将有助于通过集体的智慧来制定战略和计划，从而推动项目的实施。这一过程将增强利益相关方对项目的归属感和责任感。以下活动可能是该过程的一部分：分发信息手册和地图、利益相关方小组会议、编制战略文件。

4）共同创建、实施和分析：通过实践探索未来。在这一阶段，工作组可以致力于落实前一阶段确定的创新举措和行动。他们的决心有助于营造吸引更多的参与者、机会和资源的有利环境，从而促成行动和干预措施的实施。

5）共同进步、分享和学习。本阶段的重点是构建或强化基础设施，以便更好地整合学习、行动和项目设计工作。以下活动可能是该过程的一部分：参与式监测、对话平台、学习网络（改编自 Scharmer，2009）。

例如，项目启动时，应就冲突解决机制达成共识，或者指定一个人负责调解冲突，或者就如何选择调解员达成一致意见（Australian Heritage Commission，2003）。

最后，有效的利益相关方的参与必须是高效的，因为缺乏周密规划和执行的参与过程，不仅可能导致项目资源的浪费，还可能打击利益相关方的积极性。因此，制定沟通宣传策略是关键步骤（阶段 1.3）。如果参与的计划不当或目标过于宏大，可能会导致利益相关方感到疲惫，进而影响他们对未来重要议题的兴趣和参与热情。

阶段 1.3：制定沟通宣传策略

沟通宣传涉及提供实用的管理信息（例如，要求公众远离某些修复区域）、解释正在发生的事情，以及介绍

专栏 17

深入观察
加拿大大草原国家公园混生草原的修复[1]

生态修复使得加拿大大草原国家公园的愿景得以实现，如今游客可以驻足观赏美洲野牛（*Bison bison*）与草原犬鼠和叉角羚（*Antilocapra americana*）的互动（Parks Canada，2011d）。该公园是加拿大保存最完好的混生草原，其生态系统在火灾和放牧（尤其是野牛）等自然干扰下演化而成。虽然野牛已经消失了 100 多年，但直到 20 世纪 80 年代公园内禁止放牧，家牛才在很大

---

① 该专栏引自加拿大公园生态修复案例：大草原生态系统修复（大草原国家公园）：http://www.pc.gc.ca/eng/progs/np-pn/re-er/ec-cs/ec-cs01.aspx

程度上取代了野牛的生态角色。2002 年，在社区和利益相关方广泛参与下制定的一项管理计划将生态修复作为优先事项，其重点工作是放牧、火灾和植物演替（Parks Canada，2002）。

为恢复生态系统的功能，公园决定重新引入野牛。在项目初期，公园管理部门就围栏设置、野牛健康、放归地点、放牧招标流程和放牧地点等问题征询了利益相关方的意见。公园咨询委员会确立了一个正式的机制，旨在促进利益相关方的参与，并通过实验评估了不同放牧强度对本土植被和野生动物的影响。

在 2006 年的一次典礼上，公园在邻近社区、当地居民、土著合作伙伴的参与见证下，将野牛重新引入 18 100 hm² 的区域。为了放牧，家牛被安置在其他区域，并修建一道栅栏，以限制野牛、家牛和马的活动范围，但鹿、叉角羚和美洲狮（*Puma concolor*）等动物可以自由穿梭。公园重新引入计划烧除，以控制放牧动物的分布、减少入侵物种和促进本土物种生长。曾经的耕地上已重新种植了本土草种和野花。

"在我看来，野牛的回归象征着一粒种子，它将不断成长壮大，并增进我们族群与当地社区之间的理解和联系"。林登·图图奥西斯（Lyndon Tootoosis），庞德梅克第一民族（Poundmaker First Nation）[1]。

更深层次的沟通形式以制定共同目标和战略。沟通宣传工作的重点对象通常是当地社区和利益相关方、访客以及与公众有接触的保护地工作人员。及早针对一些敏感问题进行策略性讨论，如减少过度繁殖物种的种群数量，对于获得公众对后续行动的支持特别重要。生态修复的干预行动可通过积极的沟通宣传和推广计划得到有效支持，这些计划重点关注导致退化的根本原因和压力、退化带来的影响，以及修复活动所带来的效益（**参见准则 3.3 及相关最佳实践**）（Ramsar，2003；Nellemann and Corcoran，2010）。

沟通宣传策略要明确将要分享的信息类型、频次和对象，包括沟通宣传的各种目的（如吸引公众、访客和邻里的参与，信息共享，定期报告），沟通宣传的方式（如媒体、标识标牌、社区活动、网站和出版物、文献、会议演讲），目标受众和宣传频次（Hesselink *et al.*，2007）。

---

① 加拿大电台生态修复专栏，加拿大公园：http://www.pc.gc.ca/eng/progs/np-pn/re-er/index/video.aspx

阶段 2：评估问题

行动	生态修复流程和准则
1. 针对生态修复讨论中的物种或栖息地等重点对象，进行状况和条件的评估	参见阶段 2.1 中评估的建议，其中应包括预测的气候趋势和影响，以及重要的社会、文化、经济和政治信息
2. 确定参照生态系统	参见阶段 2.2 的建议
3. 必要时开展社会和环境影响评估	参见阶段 2.3 和阶段 1.5
4. 构建数据管理系统	参见阶段 2.4，确保修复信息得到妥善存档

为制定明确的生态修复总体目标、具体目标和行动，首先必须对问题进行细致评估，包括评估项目区域的现状、了解项目区域的理想状况，以及评估修复可能产生的环境和社会影响。阶段 2 包括一系列步骤来开展评估。

阶段 2.1：评估现状

生态修复第一阶段的问题说明完成后（阶段 1.1），在进行详细规划之前，必须收集生态系统现状的初步资料，以评估其状况（**表 5-1**）。如第 2 章**图 2-1** 所示，生态系统的当前状况（即退化程度）可以作为选择具体修复行动的重要依据。除了生态系统状况的基本信息，还需广泛收集其他信息，可能包括：项目区域的当前价值、未来气候变化及其潜在影响，以及相关的社会、文化、经济和政治环境等方面的数据，如传统生态知识（**见专栏 18** 和**第 6 章案例研究 5**）；当地社区与自然保护地之间的关系；游客流量趋势；未来的人口动态；项目区域对经济的贡献；政府的支持程度和相关治理问题。分析内容应包括修复工作可能造成的负面影响，特别是对生物多样性的影响（**见准则 1.1** 和第 4 章中相关的最佳实践）。在理想情况下，应具备足够的信息来评估压力因素对生态系统变化的影响程度，进而对比生态系统的自然价值或其他重要价值与参照生态系统的差距（见阶段 2.2）。

对于某些长期开展监测和评估的自然保护地，监测和评估数据足以反映生态系统结构和功能或其他自然或文化价值所遭受的破坏。然而，在其他自然保护地，当前可用的信息可能极为有限，管理者和其他利益相关方可能需要先明确哪些问题是最为紧迫的。

许多自然保护地已经拥有足够的信息来启动评估工作。**表 5-2** 列出的生态完整性指标（修改自 Parks Canada and the Canadian Parks Council，2008）提供了一个理想的信息库。但实际上，许多自然保护地在制定决策时所采用的数据远比**表 5-2** 列举的少得多。对于自然保

专栏 18

修复概念
传统生态知识（TEK）

　　为了确保传统生态知识（TEK）（**见专栏 2**）在自然保护地内得以存续发展，必须对这些知识所依赖的社会、文化、经济、政治环境给予支持和认可。

　　自然保护地管理的创新策略可以利用传统生态知识，但必须获得知识持有者的同意，以及在适当的情况下，对知识持有者给予适当的补偿。传统生态知识可以通过多种方式促进管理，包括了解项目区域的生态和文化价值、可能发生的极端天气事件及其影响、潜在的生态系统效益和有用的遗传物质、有助于维持生态系统健康的传统习俗（更为重要）。就生态修复而言，传统生态知识可以提供包括关于有效的修复策略、种子来源、残存动物种群以及推动有效修复的可行性政策框架等方面的知识。然而，传统生态知识并非完美无缺，亦非普遍适用，特别是对于那些被迫离开或已经遭到破坏的社区，他们可能已经丧失了大部分传统生态知识，或者还没有时间在新的条件下完全发展这些知识。

表 5-2　自然保护地生态完整性评估指标

评估生态完整性		
生物多样性	**生态系统功能**	**压力**
物种丰富度 • 物种丰富度的变化 • 外来物种的数量和范围	演替 / 衰退 • 干扰的频率和规模（火灾、昆虫、洪水） • 树龄结构分布	人类土地利用格局 • 土地的利用图、道路密度、人口密度 • 偷猎发生率、记录的陷阱数和偷猎者数量 • 入侵物种的出现
种群动态 • 指示物种的死亡率 / 出生率 • 指示物种的迁入 / 迁出 • 指示物种的种群生存力 • 个体或物种的种群密度	生产力 • 遥感或现场实测 • 生物量 • 生长率	栖息地破碎化 • 斑块大小、斑块之间的距离、森林内部环境 • 入侵迹象等 • 自然保护地周围的压力
营养结构 • 动物大小等级分布 • 捕食者营养级 • 植物 / 动物关系（如授粉、繁殖体传播）	分解 • 现场实测的分解率	污染物 • 污水、石油化工等 • 有毒物质的远距离传输
	养分滞留 • 现场实测的钙、氮含量	气候 • 天气数据和趋势 • 极端事件的频次
		其他 • 公园旅游压力 • 水文和沉积过程

护地生态系统及其所在区域、陆地和海洋景观的其他信息，可以通过多种渠道获取，包括从相似的生态系统中获取数据（**见专栏 19** 的参照生态系统）。

在理想情况下，需要同时对自然保护地及其周围的陆地或海洋景观进行评估。对自然保护地周围陆地或海洋景观的评估有助于识别自然保护地外的影响，在某些情况下，需要减少或消除这些影响才能确保生态修复的成功。此外，这也有助于明确建立伙伴关系和推广修复计划中的优先事项。

阶段 2.2：确定参照生态系统

在评估和明确问题时，特别是在严重退化或改变的生态系统中，寻找和确定参照生态系统是关键步骤（**见专栏 19**），用作比较的基准和"理想"目标（White and Walker，1997；Egan and Howell，2001）。参照生态系统通常是相似生态系统中未受到干扰的区域，或者是对这些区域的描述，也可能是描述修复后的生态系统预期达到的目标状态的文件。例如，在加拿大瓜伊哈纳斯国家公园（Gwaii Haanas National Park Reserve of Canada）的生态修复案例中（**见第 6 章案例研究 9**），选取未经过伐木的原始森林作为参照生态系统。如果生态修复目的是恢复具有文化意义的陆地或海洋景观，那么应当选择在文化特征上与生态修复目标相似的生态系统作为参照。

除了大型、均质的生态系统，参照生态系统通常无法被完全复制，而是提

加拿大瓜伊哈纳斯国家公园：在河岸森林修复工作过程中开展树桩监测。这些树桩为林下物种的生存和繁衍提供场所，这些物种对生态修复具有重要意义（第 6 章案例研究 9）（来自加拿大公园管理局）

供可能的生态系统的总体描述，并为确定关键属性和预期目标提供信息。鉴于这种复杂性，项目管理人员可考虑确定和描述多个参照生态系统。在这种情况下，生态修复具体目标的制定（阶段 4）需预设一系列可能的结果，以反映自然系统固有的变化，并考虑不可预见或难以控制的干扰因素可能对结果产生的影响（SER，2004）。参照生态系统还可用于更精确地识别作为修复目标的特定植物或动物所需的条件，进而为衡量生态修复的进展提供方法。

许多管理人员将历史信息作为参照条件，但该决策必须考虑自然的或大尺度的生态变化，以及土地或水资源利用的历史连续性。许多退化的生态系统无法恢复到它们原有的历史状态，特别是在当前气候变化的大背景下。如前所述，

一个更现实和理想的目标是，以对历史生态系统的认识为指导，修复一个具有弹性的生态系统，该系统拥有支持其长期自然演替的结构和功能属性。对参照生态系统历史、现在或未来状况的描述程度应基于自然保护地的管理目标、生态修复项目的总体目标和具体目标，并考虑到自然保护地所经历或可能面临的由气候变化和其他压力因素引起的快速变化。

专栏 19

修复概念
参照生态系统

参照生态系统可能包括一个或多个区域，这些区域表征了拟修复项目的目标生态系统的完整性或完整性的各个方面。就时间和空间而言，参照生态系统可近可远。例如，有详细记录的历史生态系统有助于充分理解过去的生态系统的相互作用（White and Walker，1997），它们的应用类似于文章或书籍中的引用文献。在某些情况下，需要特别关注有助于确定准确目标的生态系统的详细组成特征。例如，确定一个依赖于不同火灾强度的森林生态系统的异质性目标。而在其他情况下，如果参照生态系统距离较远或信息不明确（如历史记录较少且缺乏合适的参照点），在设定目标时则需要更多的推断和灵活性。参照生态系统有助于我们了解生态系统可能的演替轨迹，以及稳定成熟的生态系统的组成和功能。

我们通常会选择一个成熟的生态系统作为参照，但由于修复区域可能处于生态发展的早期阶段，因此，如果条件允许，则应识别几个不同发展阶段潜在的参照生态系统，这有助于项目的规划、监测和评估。由于生态系统的复杂性和独特性，修复后的生态系统不可能与任一参照生态系统完全相同。

在缺乏适用的现存参照生态系统的情况下，可通过综合多个信息来源来进行描述，以此构建参照生态系统。这些参照生态系统可以描述不同程度的恢复状态。以下信息来源有助于构建参照生态系统。

1）项目区域遭受破坏前的生态状况描述、物种名录和分布图。

2）最新或历史时间的航空和卫星影像。

3）相似的完整生态系统的物种名录和生态特征描述。

4）自然保护地的历史记载或视觉资料，包括图纸和绘画（但要注意这些材料可能受艺术表现的影响而有所偏差）。

5）模拟预测当前气候变化情境下生态系统的结构和功能特性。

6）在自然保护地当前预测的气候条件下，完整生态系统的生态描述和物种名录。

7）历史资源利用记录（如狩猎记录、渔获量、水流量等）。

8）基于当前气候变化情景、传统生态知识以及自然保护地和周边地区的利用状况，构建的资源需求与利用预测模型（**见专栏 18**）。

9）古生态学证据，如花粉记录、木炭、树木年轮历史等，包括过去气候驱动变化的证据。

在生态修复过程中，必须积极利用参照生态系统，便于制定能够体现参照生态系统特征的适应性管理策略和监测系统。多元化信息和数据的综合有助于生态修复项目的设计、规划、实施、管理和监测。在生态修复工程完成后，还需借助参照生态系统及相关数据，适应性地应对不可预见的新情况，如新入侵物种的出现。一般，对生态系统的历史了解得越深入，就越有助于修复工作者应对生态系统所经历的环境快速变化和入侵物种的持续威胁。

例如，在加拿大西部山区，一系列非常系统的历史调查照片记录了该地不同生态系统的丰富信息。19 世纪末和 20 世纪初的照片揭示了气候变化、人类活动和生态过程带来的显著变化。虽然这些照片仅反映局部历史，可能不一定对修复目标的制定有直接作用，但是当这些照片与其他包括参照生态系统在内的证据相结合，并在不断变化的景观背景中被加以考虑时，它们便成为指导修复项目设计、实施和评估的重要参考依据（Higgs and Roush, 2011；Higgs and Hobbs, 2010）。

阶段 2.3：必要时进行环境和社会影响评估

生态修复项目的规划必须考虑潜在的不利影响。例如，修复期间的生态系统结构或功能的改变、新增基础设施、人类活动干扰的影响。

环境和社会影响评估旨在识别项目可能产生的所有潜在影响，包括预期和非预期。无论是否有法律或政策的强制要求，这项评估都是项目规划中不可或缺的部分；然而如果存在法律义务，该评估还可以满足相关法律的要求。一般来说，一份高质量的环境影响评估报告能为所有相关方提供有用的信息。评估报告不必过于冗长，也可以采用简洁的列表形式。在项目概念形成初期，评估专家的建议有助于解答如何以及何时开展高效且有效的影响评估，并指出应让哪些人参与其中。

认识到生态修复也可能对社会和文化产生影响至关重要，包括与性别相关的积极和消极影响，这些影响需要在规划阶段初期予以识别和解决。在理想情况下，生态修复项目能促进可持续发展（**见准则 2.4** 及其相关的最佳实践）。生态修复可以恢复生态系统服务，保障自然资源的可持续供给，提升美学价值，增强访客体验，并可能增加生态旅游的经济效益。但是，生态修复也可能产生成本，如对自然资源使用的不必要限制，或对社会和文化重要场所的无意破坏。在项目初期，识别潜在的成本和效益有助于避免后期出现问题。此外，环境和社会影响评估过程可以作为一种有效的途径，让公众、访客和其他利益相关方了解并参与项目。

在那些有土著人民居住或经常使用自然资源的自然保护地，需要咨询并遵守适用的国家宪法、立法和国际义务，以明确与土著社区及其政府合作的责任和原则（SCBD，2004）。在评估生态修复问题时，了解所有利益相关方的观点及其对生态系统的依赖程度至关重要，这包括社会经济、生计和文化问题。修复的最终目标之一可能是重建有助于促进自然保护地及其周围环境可持续发展的传统文化价值和习俗（**见准则 1.5** 及其相关的最佳实践），而实现这些目标必须建立在对当地文化和社会动态深入了解的基础上，这就需要让土著人民参与进来，并整合他们的传统知识。

阶段 2.4：确保信息管理系统运行良好

上述建议的步骤将涉及收集大量的背景资料，如研究报告、政策文件。信息管理和建档，无论是数字化的还是非数字化的，对生态修复项目都至关重要，特别是许多项目持续时间较长，而且完备的信息记录也有助于确保未来项目的成功。应尽早制定数据管理计划。在理想情况下，项目区域已经建立了有效的存档系统；如果没有，则需要考虑以下几方面因素。

a. 使用公认的元数据标准和档案管理系统，确定数据 / 记录的具体位置，并确保其有效检索。

b. 确保数据 / 记录的安全性，包括访问权限的限制、知识产权的保护，并酌情使用数据共享协议（特别是在共享和使用传统生态知识时，这一点尤为重要）。

c. 使用定义明确且有科学依据的数据分析方法，具体说明数据收集和分析中的偏差及局限性。

d. 建立参照信息库，其中包括数字照片的拍摄以及物种鉴定的同行评审。

e. 制定数据管理计划，包括数据的完整性、数字化文件维护和数据迁移，并在自然保护地管理机构内部及机构之间实现数据和信息的有效共享。

f. 采用协议对实地收集的数据进行标准化，包括对数据收集者的培训。

g. 使用地理信息系统。

阶段 3：制定生态修复的总体目标

行动	生态修复流程和准则
1. 制定修复的总体目标	见阶段 3.1 并考虑准则 1.3、准则 1.4、准则 1.5、准则 1.6、准则 2.1、准则 2.3、准则 2.5 和准则 3.4

阶段 3.1：制定修复的总体目标和成果产出

制定有效的生态修复总体目标对于指导项目的规划和实施至关重要（Hobbs，2007）。自然保护地管理者需要与各利益相关方密切合作，基于对生态系统未来的共同愿景，制定明确、务实和可达的总体目标。总体目标通常以陈述意图的形式呈现，也可以进一步明确为清晰、可衡量的成果产出（即对修复后生态系统的描述），从而指导目标类型和优先次序的确定。

生态修复的基本原则有助于项目管理者制定切合实际的总体目标。例如，有效性原则将有助于指导选择与恢复自然保护地特定价值相关的目标。高效原则有助于确定项目实施的约束条件，从而确定哪些目标是切实可行的。参与式原则提醒管理者，要使修复项目取得长期成功，与社区和访客对自然保护地的理解、欣赏、体验和支持相关的目标，可能与恢复生态系统的特定自然价值相关的目标同等重要。

在考虑外部影响、更广泛的生态系统功能和全球变化的情况下，项目的总

拍摄于加拿大的海獭（来自加拿大公园管理局）

体目标应是务实的且可实现的。例如，由于许多海洋大型哺乳动物和鸟类物种具有明显的迁徙行为，其种群的恢复可能超出单一自然保护地管理者的能力，这就需要与其他资源管理者合作。同样，那些致力于促进迁徙物种的恢复或在较大流域内恢复淡水生态系统的项目也面临着类似的挑战。如果合作是项目成功的基础，则可以将其确定为项目总体目标的一部分。例如，澳大利亚南部的"141°栖息地计划"（**见第 6 章案例研究 8**）旨在通过合作来修复和连接更广泛的景观，并且提高澳大利亚南部现有自然保护地的价值。

单个生态修复项目的总体目标必须与国家、区域或当地政策相协调，同时也应体现全球的目标和政策。例如，在巴西大西洋森林自然保护地（Atlantic Forest of Brazil）（**见第 6 章案例研究 7**），通过实施森林恢复和碳汇项目以减缓气候变化，不仅促进了对本地、区域和国际层面生物多样性的保护，也与应对气候变化的政策和目标相契合。

尽管项目可能由单一社区或组织发起，但该项目能满足多个社区/组织的需求（**见专栏 20**）。对于存在多处自然区域群和其他绿色或开放空间的地区，了解不同资源使用者需求之间的联系尤其重要，这些区域所有权虽然分属不同，但它们共同维护了更广泛景观的生态完整性（如生物圈保护区或跨界保护区）。尽早与各方建立联系可以提高效率，并确保项目与更大尺度的计划和进程保持一致。在许多情况下，自然保护地生态系统的修复工作可包含多个相互冲突的目标。例如，恢复海獭种群的目标可能与在海洋自然保护地内可持续收获贝类的目标相冲突（Blood，1993）。因此，在确定目标时，项目需要考虑潜在的冲突，并对其进行权衡取舍。

专栏 20

深入观察
多重项目目标的实例

南非的"守护林地行动"（Working for Woodlands Programme）（见第 6 章案例研究 4）的愿景是在南非东开普省修复退化灌木丛的基础上，打造新的农村经济（Mills *et al.*，2010），并通过增强生态系统和社区的弹性来适应气候变化。项目目标可能包括以下预期效益（Mills *et al.*，2010）。

环境效益：

1）提高景观对野生动物（也可能包括管理良好的牲畜）的环境容纳量。

2）保护表层土壤，减少河流泥沙的淤积。

3）增强水对土壤和含水层的渗透，以补充地下水资源。

4）碳汇。

5）提高生物多样性。

社会经济效益：

1）为农村贫困人口创造就业机会（大规模修复项目预计可创造数千个工作岗位）。

2）促进生态旅游。

3）提升对修复过程的认识。

4）通过开发替代性收入活动改善生计。

5）开展农村贫困人群的商业技能和生态修复能力培训。

6）修复投资的经济回报。

阶段 4：确定生态修复的具体目标

行动	生态修复流程和准则
1. 确定生态修复的目标指标	见阶段 4.1 并考虑准则 1.3、准则 1.4、准则 1.5、准则 1.6、准则 2.1、准则 2.3、准则 2.5 和准则 3.4

阶段 4.1：确定可衡量的具体目标，并考虑初步的监测计划

阶段 3 制定的总体目标勾勒出生态修复项目的总体愿景，具体目标则详细说明了达成这些总体目标所需的各项行动。在适当的情况下，具体目标要考虑生态和文化方面的成果产出。这些目标需要足够具体，以便能够通过监测进行量化评估（**见准则 1.6**）。例如，具体目标可能包括：初级生产力达到特定水平；清除特定比例的入侵物种；物种种群数量维持在参照条件的 95% 置信区间内。此外，目标设定还需考虑合理的变化范围，确保其切实可行，并与现行的相关自然保护地规划、政策和法规保持一致。如果无法确定满足上述标准的具体目标，则可能需要重新审视明确问题（阶段 2）和总体目标（阶段 3）。在环境快速变化的情况下，具体目标的制定难度会增加，但仍需尽可能解决这些问题。**专栏 21** 列举了在该过程中需要考虑的一些问题。

在许多情况下，具体目标可能主

专栏 21

深入观察
在气候变化或其他环境快速变化的情况下，生态修复的具体目标是否合理？

需要考虑如下一些问题。

1）首先，是否有可能减少那些最初导致环境退化的压力？

2）在中短期，所修复的生态系统是否可能在该地区保持稳定？

3）从长远来看，是否需要持续投入大量的资金来维持已修复的生态系统？

4）面对新的气候模式（如极端气候），生态修复过程的部分目标难以实现？

5）新物种的引入是否可能打破已修复的生态系统的平衡？

6）在不久的将来，是否可能出现新的压力？

要与自然生态系统的恢复相关。例如，芬兰鸟湾生物项目（Lintulahdet Life Project）旨在通过重建开阔水域、创造昆虫栖息地、清除包括非本土哺乳物种在内的入侵物种，提高湿地鸟类的繁殖成功率（**见第 6 章案例研究 1**）。同样，韩国智异山国立公园恢复亚洲黑熊种群的目标主要是生态方面的（**见第 6 章案例研究 2**）。与此相反，马达加斯加的凡德里亚纳·马鲁兰布（Fandriana Marolambo）森林景观修复项目则旨在恢复和保护退化的森林及其独特的生物多样性的同时，通过恢复产品和生态服务来解决导致生态系统退化的社区压力问题，提高当地居民的福祉（**见第 6 章案例研究 3**）。

具体目标的制定最好基于对修复区域状况的充分了解（见阶段 2.1），并且依据生态修复特定的总体目标的最佳实践行动。

项目的复杂程度将决定所需的具体目标的数量和类型。较为复杂的项目往往需要设定社会参与方面的具体目标。例如，鸟湾生物项目就包括通过生态修复提升保护地访客体验相关的具体目标（**见第 6 章案例研究 1**）。相对简单的项目可能只设定一个总体目标和少数几个具体目标。如果存在多个相互关联的具体目标，则应阐明它们之间的关系及其先后次序，以及它们是否能够同时实现。构建概念模型（**见专栏 22**）有助于规划过程的组织和聚焦，并推动具体目标和可检验假设的制定（Margoluis *et al.*，2009）。概念模型需要利用上述阶段 2 所收集的信息（Hobbs and Norton，1996）。

修复概念
概念模型

　　概念模型应整合生态系统的社会文化和生态特征，包括生态系统之间的联系，以及文化习俗、环境压力、生态系统属性和修复活动之间的相互联系。概念模型是对生态系统认知的综合体现，能为评估不同生态修复方案和相关行动的潜在风险与后果提供基础（阶段 5 将进一步讨论）。修复后生态系统的模型属性亦可作为评估项目各阶段成功与否的标准，并有助于通过适应性管理确定是否需要调整修复行动或政策（如阶段 5 所述）。一个或多个参照生态系统的非生物和生物属性的描述，对构建生态修复项目的概念模型至关重要（Hobbs and Suding，2009）。

　　在美国佛罗里达州南部自然保护地内及其周围进行的大规模生态系统修复工程，作为大沼泽地综合修复计划（Comprehensive Everglades Restoration

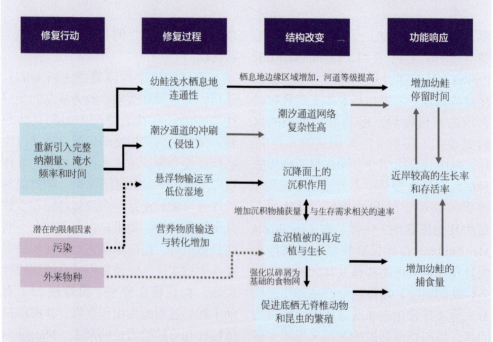

图 5-2　普吉特海湾近岸生态系统修复项目的河口三角洲湿地的概念模型：箭头表示不确定性程度，其中黑色箭头为相对确定的关系、灰色为较强的不确定性的关系（Simenstad *et al.*，2006）

Plan）的一部分，部分工作是基于概念模型的指导进行的。这些模型识别了自然系统面临的主要人为驱动因素和压力，这些压力所带来的生态效应，以及监测和评估这些生态效应的最佳生物特征或指标（Ogden *et al.*，2005）。

美国华盛顿普吉特海湾近岸生态系统修复项目（The Puget Sound Nearshore Ecosystem Restoration Project，PSNERP）的近岸科学小组（NST）构建了一个概念模型框架（**图 5-2**），旨在为评估项目采取的修复和保护措施提供指导（Simenstad *et al.*，2006）。该模型阐释了拆除河口三角洲湿地的堤坝以恢复淹水，从而促进幼年鲑的栖息、生长和避难。此外，该模型展示了修复过程、结构变化、相关功能响应以及修复行动本身之间的相互作用，并识别了潜在的限制因素、相互作用的强度和预测结果的不确定性。

阶段 5：设计生态修复方法

行动	生态修复流程和准则
1. 明确项目范围	见阶段 5.1，并考虑原则 1 中的所有准则以及准则 2.1 和准则 2.2
2. 制定一个概念与实践相结合的项目	见阶段 5.2
3. 制定详细的实施计划	见阶段 5.2 和准则 3.1、准则 3.2
4. 制定监测计划	见阶段 5.3 和准则 1.6、准则 2.2

生态修复的阶段 5 设计实现各具体目标的具体行动或管理干预措施（即修复活动），并在阶段 6 中实施。

阶段 5.1：明确范围，考虑一系列备选方案并选择最合适的方案

项目的范围是基于项目所涉及的地理区域和时间尺度来确定的，这需要与各利益相关方和合作伙伴进行协商。很多时候，尽管生态修复项目主要在自然保护地内进行，如清除入侵物种，但这往往需要自然保护地外的行动支持，如将清除的入侵物种运到保护地外。因此，此类项目的范围通常超出自然保护地的边界，特别是公众参与的项目。

一些生态修复目标可能很快就能实现，如重新引入物种，而如重新造林等其他目标则可能需要数十年时间。大多数生态修复工作都是长期的。例如，在中美洲，即便在玛雅人遗弃森林后 1000 年，再生的森林与附近更古老的森林之间仍有明

显区别（Terborgh，1992）。不同生物群落的恢复速度存在显著差异。通常，与生长缓慢的植被（如北方森林）或繁殖缓慢的动物（如一些猛禽）相比，生长迅速的热带植被和繁殖迅速的动物（如猫）更容易恢复。项目范围中包括的具体目标必须是在现有资源条件下可以实现的。在社区参与方面，时间尺度很重要，进行生态修复规划时可能需要考虑社区参与的深度和时间，以确保社区的长期参与。

根据阶段 3 的总体目标和阶段 4 的具体目标，确定所需的干预措施，通常会有多种备选方案。在考虑这些方案时，应同时考虑它们的相对成本和成功的可能性。例如，一个项目可以设计成在短时间内实现最大程度的恢复，也可以是以较低的成本但以较慢的速度实现恢复。在制定长期计划的同时，可能需要考虑短期干预，如稳定一个快速侵蚀的区域。风险评估可能有助于决策。需要对潜在的风险，如修复失败、资源永久性损失、连锁效应、对周边区域的影响、访客体验感降低或失去合作伙伴支持等进行评估，并识别可能影响项目的知识空缺。

阶段 5.2：制定实施计划

不同项目的实施计划复杂程度存在差异，这取决于项目的目的。对于侧重于研究和经验学习的项目，可以构建一个带有相关假设的概念模型，用于测试和衡量项目进展（**见专栏 22**，如阶段 4 讨论的内容），在理想情况下，生态修复项目可以作为精心构思的试验来实施（**见专栏 23**）。对于更注重实践的项目，

该阶段只需要确定进行生态修复所需的大致步骤及相关的最佳实践。

生态系统对修复措施的响应是无法准确预测的，因此，修复工作采纳了适应性管理的方法。适应性管理是促进目标实现的一种途径，即鼓励根据监测数据和其他最新信息，定期对生态修复的方案和具体目标进行调整，从而形成不断学习和调整的反馈循环。

有效的适应性管理有以下几个要求。

a. 为阶段性和最终成果设定有时限的具体目标（如阶段 4）。

b. 开展效果监测以跟踪修复进展（见阶段 5.3）。

c. 评估监测数据。

d. 设定中间阈值，用于判定成功与否或是否有必要调整行动或政策。

关于适宜的管理策略或对这些策略进行调整的决策，都是基于实际监测结果制定的。参照生态系统（见阶段 2.2）和概念模型（King and Hobbs，2006；**见专栏 22**）有助于确定目标、措施和阈值。尽管不同项目对于采纳这种研究导向型方法所投入的时间和精力可能不尽相同，但保持"实践中学习"的理念对每个项目都至关重要。

许多生态修复项目需要制定实施计划，这可能是因为法律或政策对资助者的要求，或仅仅是为了确保项目尽可能高效和成功。此外，许多修复项目还可能需要或受益于单独的沟通宣传计划（见阶段 1.3）。

详细的生态修复计划应适当借鉴概念设计和实用设计的要素，确定并列出实现修复所需的行动，包括具体的修复

专栏 23

修复概念
为适应性管理设计实验方法

在实施适应性管理的实验方法时，需要采用科学和统计学上严谨的流程对修复策略进行检验，以便通过监测来评估其有效性（Schreiber *et al.*，2004）。明确需要检验的一个或多个假设，并制定详细的实验设计方案。可以利用生态模型来预测实验处理的具体结果。此外，还可以通过补充较小规模受控实验或野外实验，以减少模型的不确定性，并有助于优化设计。

在某些情况下（例如，当生态系统范围足够大且具备足够科研能力时），可以同时进行多个修复假设的检验，作为对照和重复实验。如果能够识别并监测实际的参照生态系统，那么在修复前、修复期间和修复后，将对照组（未处理但受损的区域）、参照组（未受损的区域）和处理组（实施修复的区域）进行比较，可以提高统计分析的确定性以及结果的普遍适用性。

在规模较小、干预程度有限的区域，可能仅能检验一个修复假设。即便如此，在任何可能的情况下，仍应在修复前后对已修复和未修复的情况进行比较。在这些案例中，基于结果得出的结论的普遍适用性较低。

措施以及实施这些措施所需要的方法和技术。修复计划应详细阐述角色和职责、决策权限、现场监督和人员安排、后勤保障、许可和安全问题。修复工作的具体地点及每项活动的时间和成本都要具体说明，同时，修复区域及其环境特征的详细地图通常很有用。计划和预算必须尽可能考虑意外情况，如天气、苗木的供应。监测的实施也需要制定计划，即监测修复工作是否按照计划执行（见阶段 5.3）。此外，许多生态修复项目将来还需要持续的维护，如定期清除外来入侵物种，故计划中还应包含维护工作以及如何对其进行监测的详细信息。

生态修复计划的制定应包括所有利益相关方的参与。尽管自然保护地和项目在修复计划的具体要求上可能有所差异，但**表 5-3** 提供了一个通用的模板（改编自 Cairnes，2002；Douglas，2001）。该模板的设计前提是生态修复工作有固定的总体目标和具体目标。然而，在环境快速变化的背景下，或者对修复后可能导致的生态系统变化了解不足的情况下，可能需要采用一种更为灵活、适应性更强的方法（Hughes *et al.*，2012）。生态修复计划旨在提高项目的实施效率，而不是成为约束的框架。

表 5-3　修复计划的模板

内容	具体细节
介绍	包括概述和资金筹措建议（如果需要）
问题说明	阐明需要什么及其原因，理想情况下参照其他地区开展的类似项目，以及现阶段所获得的经验教训（见阶段 1.1）
项目区域说明	有关背景、条件、状况和重要性的信息，包括恰当的照片、地图（见阶段 2.1）和参照生态系统（见阶段 2.2）
项目区域的历史及相关干扰	历史变化和当前干扰（修复的原因），包括阐述如何控制过去导致退化的因素（参见关于参照生态系统的**专栏 19**）
项目范围、总体目标和具体目标	这必须是明确的、可实现的和可衡量的，包括实现目标的时间（见阶段 3.1、阶段 4.1 和阶段 5.1）
修复活动的具体细节	见阶段 5.1，应包括以下内容： 1）职责 2）将开展的工作 3）位置 4）时间安排 5）预算 6）所需材料 7）监督和安全问题
维护	需要长期维护的详细信息
监测和适应性管理	确定成效指标，如何衡量这些指标，监测的频次（包括详细的监测协议，以确保监测人员变更不会影响监测工作的连续性），如何管理收集到的信息，以及如何根据监测结果对项目进行适应性调整（见阶段 2.4、阶段 5.3 和阶段 7）

阶段 5.3：制定监测计划，包括评估生态修复过程和效果的标准与指标

生态修复项目的监测工作应与自然保护地内的其他监测活动紧密结合，并需考虑自然保护地内及其周边地区的相关工作，以识别可能重复的监测任务，从而优化监测方案、有效资源，并为编制报告提供支持（Hockings *et al.*，2006）。在该过程中，研究人员和研究机构的参与能够为监测工作提供重要指导和支持。现有的监测项目能够提供关于生态修复成效的信息，如水鸟的监测可以反映湿地修复项目的成功与否。理想情况下，监测、评估和适应性管理应当在能够捕捉生态系统特征的适宜尺度上进行（Dudley and Parrish，2006）。无论是合作还是支付报酬的方式，包括土著人民在内的当地利益相关方都有可能成为最有效的监测数据收集者（Danielsen *et al.*，2007）。然而，监测工作的重点应针对生态修复的措施和战略。**准则 6.1** 和相关的最佳实践提供了更多的指导信息。

就监测的时间和方法达成一致，并

精确记录这些细节非常重要。由于生态修复项目周期较长，很可能会有不同人员参与监测；因此，确保监测方案能够长时间保持一致至关重要，否则监测结果会因记录者的不同而有所差异（Hockings *et al.*，2008）。

应直接将监测工作纳入生态修复项目的设计中，确保所有利益相关方都能理解并认同那些反映他们的关切的指标（Estrella and Gaventa，1998）。指标 / 测量参数必须满足以下要求。

a. 与具体目标有关（见阶段 4）。

b. 可准确测量。

c. 适合生态系统的时间和空间尺度。

d. 经济高效（即便是在固定点进行摄影监测，也能在一段时间内提供有用的证据，且成本低廉）。

为了促进有效的适应性管理，评估中期目标的进展至关重要，这有助于决定是继续执行当前策略还是需要对其进行调整。中期报告对于维系社区、政治或财政支持也很重要，同时，监测成果可纳入沟通宣传计划中（见阶段 1.5）。监测策略不仅适用于生态目标，也适用于社会文化目标。在项目实施过程中，还应监控预计支出并对预算进行重新评估。此外，生态修复的监测计划还需要考虑如何以及何时逐步减少监测活动，或将其与其他现有监测活动整合。

尽管监测方案应尽可能长期保持一致，但定期审查指标并根据最新的认识进行必要更新也很重要。在理想情况下，研究方法和数据都应完全免费公开。在选取成效指标，确定监测的频次、深度和持续时间以及评估成本效益时，应参考现有的监测规程和手册。

阶段 6：实施生态修复

阶段 6.1：开展修复

阶段 6 为实施修复计划。采用适应性管理的方法（见阶段 7），对阶段 5 确定的参数开展监测，以评估修复成功与否，并在必要时对计划进行调整。

阶段 6.2：根据沟通宣传策略，进行项目进展的沟通宣传

在整个项目实施期间，应根据阶段 1 制定的沟通宣传策略，与利益相关方和合作伙伴开展持续沟通。无论成功还是失败，都应报告，以促进学习、改进修复技术和流程。沟通结果的必要性凸显了适应性管理方法的重要性，即在项目中期评估目标实现的进展情况。及时沟通交流短期目标的实现情况，并非等到长期目标实现后，对于保持合作伙伴和利益相关方的热情、确保他们的持续参与非常重要。

向访客和公众进行宣传有助于加深他们对生态修复理念的理解，并获得公众的支持。修复工作者之间的沟通交流有助于建立更广泛的知识体系，推动该领域的进一步发展，并促进循证保护的发展。向政策制定者和决策者交流报告成果，有助于持续获取支持与资助，这对于需要长期维护和干预的复杂项目尤其重要，能够确保其资金的稳定保障。

阶段 7：实施适应性管理

正如**图 5-1** 所示，成功的生态修复项目过程并非由一系列静态步骤组成，而是一个包含不断反馈、调整或修改的动态过程。因此，在这一过程中，一些贯穿于整个生态修复项目始终的步骤是不可或缺的部分。生态修复计划和实施需要明确监测机制，以确保监测结果能够为后续的管理决策提供依据，这一过程采用了适应性管理的应用研究方法，即基于明确问题和解决问题，从小规模试点开始，再基于早期的成功经验进一步扩大范围（Brandon and Wells，2009）。

在筹划和执行监测计划时，需要投入大量的精力开展数据的收集、评估、分析、阐述、整合以及结果报告。因此，在此仅简要介绍上述各步骤。

阶段 7.1：监测

根据阶段 5 中制定的监测计划，开展生态修复项目的监测，并利用监测数据评估生态修复过程是否按计划进行。监测工作并不是一个机械化的过程，管理者在收集指标信息的同时，需要更全面地关注可能因生态修复而产生的其他变化。

韩国智异山国立公园：亚洲黑熊放归后进行的无线电追踪监测（第 6 章案例研究 2）[来自韩国国家公园管理局物种恢复中心（SRC）]

阶段 7.2：评估监测结果

监测工作应当直接反馈到管理决策中，嵌入组织架构，并制定明确的行动指南，以便在监测数据触发时能够迅速采取行动。项目团队成员和其他利益相关方需要共同讨论监测结果，并将其与设定的成功标准或目标进行对比评估，讨论评估结果，同时在必要时商定调整方案，提高项目的成功率或解决不可预见的负面影响。

阶段 7.3：根据评估结果，酌情调整阶段 5 和阶段 6

定期评估监测结果，并通过适应性管理加以应用，同时确保参与监测的人员知晓。适应性管理涵盖了一系列正式和非正式的互动、讨论以及对项目设计的调整。在某些情况下，可能需要对项目的总体目标和具体目标进行重新评估与修订。虽然这类调整可能会引起挫败感，但它们并不意味着项目的失败，而是成

专栏 24

修复概念
生态修复何时算成功？

当项目一开始制定的总体目标和具体目标（在整个过程中进行必要的调整）已经实现时，就可以认为生态修复是成功的。然而，由于生态修复通常是一个长期的过程，认定一个项目何时"成功"仍然具有挑战性。对于相对有限的具体目标，如重新引入一个物种或消除一个入侵物种，目标值相对容易设定，但对于更普遍的生态系统尺度的生态修复项目，目标值设定则比较困难。

当前，人们一直努力通过标准化的方式来解决如何判断修复"成功"的问题。例如，生态修复协会（SER）指出：一个已经恢复（或得到修复）的生态系统是指在没有人为辅助作用下，它拥有足够的生物和非生物资源来维持其发展。为了更具体地阐述这一概念，SER 提出了以下 9 个通用属性，用于帮助判断生态系统是否处于持续恢复过程中，从而确认是否已经完成生态修复（根据 2004 年 SER 的资料稍作修改）。然而，应当注意，这些属性并未涵盖所有的生态修复目标（如治理、社会或文化方面的目标），也没有充分认识到传统资源管理在土著文化景观中的关键生态作用。此外，特别需要强调的是，属性 8 和 9 并没有考虑到许多生态系统可能会面临由气候驱动的社会

和生态的快速变化，因此，这些生态系统可能不仅需要对"正常的周期性压力事件"具有弹性，还需要对极端事件或快速变化的气候条件具有弹性。

1）恢复后的生态系统包含参照生态系统中出现的典型物种组合，并形成恰当的生态群落结构。

2）恢复后的生态系统在最大程度上由本土物种组成。

3）恢复后的生态系统应包括所有维持其持续发展或稳定所必需的功能群；如果某些功能群消失，则可通过自然方式恢复。

4）恢复后的生态系统的物理环境能够维持物种的种群繁衍，并且种群繁衍是生态系统沿既定轨迹发展或维持稳定所必需的。

5）在其生态发展阶段，恢复后的生态系统的功能正常，没有功能紊乱的迹象。

6）恢复后的生态系统能够恰当地融入更大的生态基质或陆地/海洋景观中，并通过生物流、非生物流及物质交换进行相互作用。

7）周围景观中对恢复后的生态系统健康和完整性构成潜在威胁的因素已经消除，或者已尽可能减少。

8）恢复后的生态系统应具有足够的弹性，能够承受周围环境中正常的周期性压力，从而维持生态系统的完整性和自然演替。

9）恢复后的生态系统拥有与参照生态系统相同水平的自我维持能力，并且在现有环境下可以无限期地持续存在。然而，在生态系统正常演替发展过程中，其生物多样性、结构和功能各个方面可能会随之发生变化，并可能因正常的周期性压力和偶然的干扰因素而发生波动。与任何完整的生态系统一样，恢复的生态系统的物种组成和其他属性都可能随着环境的变化而不断演变。

功实施修复过程中不可或缺的一部分。

对于那些影响范围超出自然保护地边界的大型生态修复项目，需要吸纳更广泛的利益相关群体参与其中。例如，如果某一物种的成功恢复会加剧人类与野生动物的冲突，并且这些冲突仍未得到解决，那么从长远来看，能否成功恢复该物种可能变得悬而未决。

阶段 7.4：传达结果，并酌情使利益相关方持续参与

正如阶段 6 所述，生态修复项目成果的沟通宣传往往对项目的成功至关重要。同时，对持续监测结果的有效汇报也同样重要。无论具体的报告机制如何，汇报结果都是自然保护地管理的重要内

容。确保所有相关人员都可以免费获取信息，并积极努力共享信息，这些都是生态修复项目成功的重要因素（Posey *et al.*，1995）。

结论

本章详述的生态修复流程是一份通用的步骤列表，并非所有步骤都适用于每个项目。但是，结合前面章节中提出的原则、准则和最佳实践，本章的生态修复流程有助于所有从事生态修复工作的人员做好充分的准备，以及确定清晰的总体目标、具体目标和实施生态修复所需的活动。在接下来的章节中，一系列世界各地的生态修复项目研究提供了最真实的案例，有助于我们更深入地理解本书总结的生态修复准则。

第6章
案例研究

本章介绍了一系列世界各地的生态修复案例，这些案例阐述了自然保护地实施生态修复的实践经验，且与本书所概述的生态修复原则和准则相符合。

具体案例如下。

1. 芬兰鸟湾生物项目：修复芬兰湿地

2. 韩国亚洲黑熊种群恢复

3. 马达加斯加凡德里亚纳·马鲁兰布森林景观修复项目

4. 南非"守护林地行动"的亚热带灌木丛修复项目：减贫、碳汇和修复

5. 墨西哥拉坎敦森林：传统生态知识在森林修复中的应用

6. 毛里塔尼亚塞内加尔河下游三角洲修复

7. 巴西大西洋沿岸森林保护地修复项目

8. 141°栖息地计划：恢复澳大利亚南部栖息地并连接自然保护地

9. 加拿大瓜伊哈纳斯莱尔岛恢复土地和铭记历史项目

10. 伊拉克沼泽地修复项目

11. 春溪雨林项目：澳大利亚世界遗产地雨林修复

12. 美国卡纳维拉尔国家海岸牡蛎礁修复项目

研究案例地图

加拿大瓜伊哈纳斯莱
尔岛恢复土地和铭记
历史项目

美国卡纳维拉尔国家
海岸牡蛎礁修复项目

墨西哥拉坎敦森林：
传统生态知识在森林
修复中的应用

巴西大西洋沿岸森林
保护地修复

照片版权信息请参阅主要案例研究

芬兰鸟湾生物项目：修复芬兰湿地

毛里塔尼亚塞内加尔下游三角洲修复

伊拉克沼泽地修复项目

韩国亚洲黑熊种群恢复

马达加斯加凡德里亚纳·马鲁兰布森林景观修复项目

南非"守护林地行动"的亚热带灌木丛修复项目：减贫、碳汇和修复

141°栖息地计划：恢复澳大利亚南部栖息地并连接自然保护地

春溪雨林项目：澳大利亚世界遗产地雨林修复

通过与当地农户达成协议以允许放牧牛群，从而确保对恢复后草地的长期维护 [来自伊尔波·霍尔曼（Ilpo Huolman）]

芬兰鸟湾生物项目：修复芬兰湿地

感谢鸟湾生物项目（Lintulahdet Life Project）的经理伊尔波·霍尔曼（Ilpo Huolman）为该案例的整理提供帮助。

鸟湾生物项目旨在通过控制入侵物种（**准则 1.2**）和进行广泛的监测（**准则 1.6**），恢复作为重要迁徙路线的一个湿地网络（**准则 1.4**）。该项目还与当地学校合作开展宣传教育活动，以增进学生对生态修复和自然的认知（**准则 3.2**）。此外，该项目的设计融入了提升访客体验的元素，其中包括邀请访客参与到修复活动中（**准则 3.4**）。

芬兰湾北部沿海海湾是横跨北欧的主要候鸟迁徙路线之一，也是波罗的海南部及北海沿岸越冬水鸟的重要飞行通道。该区域是《欧盟野鸟保护指令》附录 I 中列出的 35 种鸟类的重要栖息地和繁殖地，其中包括大天鹅（*Cygnus cygnus*）、小天鹅（*C. columbianus*）、斑头秋沙鸭（*Mergus albellus*）、长脚秧鸡（*Crex crex*）和大麻鳽（*Botaurus stellaris*）。然而，水体富营养化、湿地和草甸的蔓延、入侵物种的扩散、小型捕食者的过度繁殖和游客随意进入等对该区域造成了严

在湿地修复区域，观鸟塔是休闲通道和访客体验的核心设施 [来自维利娜·埃沃卡里（Viliina Evokari）]

重威胁（Uusimaa Regional Environment Centre and Southeast Finland Regional Environment Centre，2008）。

鸟湾生物项目的主要目标是恢复沿海湿地和草甸的自然生态，构建沿芬兰湾北岸迁徙通道的湿地功能网络，并确保湿地物种得到有效保护。该项目从 2003 年持续到 2007 年，沿候鸟迁徙路线共修复了 12 块湿地，面积达 3353 hm^2（Uusimaa Regional Environment Centre and Southeast Finland Regional Environment Centre，2008）。

针对栖息地、物种和导致退化的因素，每个湿地修复地块都制定了修复和管理目标。项目工作人员主动与当地居民和广泛的公众进行沟通，征求他们对项目计划的意见，并共同探讨方案，解决导致湿地退化的土地利用冲突问题。此外，通过与当地农户签订放牧协议，项目确立了一个长期管理机制，确保恢复后的沿海草甸在项目结束后仍能够得到持续维护。

项目通过重建开放水域、清除入侵物种、营造昆虫栖息地和移除小型非本土哺乳动物（项目期间，共诱捕了 1310 只浣熊和 391 只水貂），恢复湿地的生态完整性，进而提高湿地鸟类的繁殖成功率。通过清除沿海草甸和沼泽岸边的树木及灌木，并在特定区域推行放牧，以维持草地植被的开放性和自然性。共恢复了 185 hm^2 的沿海草甸，并且通过清除入侵水生植物，在近 78 hm^2 区域重建了新的镶嵌状分布的湿地生境。在沿岸挖掘了开放水域的沼泽湖，为稀有的黄斑白面蜻（*Leucorrhinia pectoralis*）等昆虫提供栖息地，同时通过阻断或重新分配人工排水沟渠，使水流入草地，恢复了约 76 hm^2 的天然沼泽地。在一些区域，还为鸟类保留了筑巢区。此外，一个废弃的垃圾场经过修复，使那些偏好干燥沙质斜坡的昆虫受益（Uusimaa Regional Environment Centre and Southeast Finland Regional Environment Centre，2008）。

该项目对鸟类、栖息地和昆虫开展了详细的基线调查和定期监测。为了监测生态修复工作对特定鸟类种群的影响，开展了基线和后续的鸟类数量统计调查，其调查方法包括点位计数、环绕计数和领地绘图，特别关注了那些被列入《欧盟野鸟保护指令》附录 I 和芬兰濒危物种名录的鸟类（Uusimaa Regional Environment Centre，2007）。该项目还收集了水鸟和湿地鸟类的筑巢及育雏情况信息。对于部分区域，利用航拍照片来监测人类活动对植被和栖息地的影响，这些航拍照片揭示了开放的洪泛草甸（属于过渡沼泽和沿海沼泽）发生了显著变化。在沿海草甸区域实施了基于格局的植被监测，用于监测刈割和放牧对本土植被产生的影响（Uusimaa Regional Environment Centre and Southeast Finland Regional Environment Centre，2008）。此外，该项目还开展了监测活动，以评估管理措施对这些区域的营养网络和生物学价值以及湿地昆虫物种的短期效应（Uusimaa Regional Environment Centre，2007）。

项目设计了各种措施来减少访客对生态敏感区的影响，同时通过改善自然景观来提升访客体验，其中包括建造 14

座带观景平台的观鸟塔、设计自然步道和制作宣教材料等。项目经理伊尔波·霍尔曼（Ilpo Huolman）提到，观鸟塔得到了公众的好评，因为访客可以看到实际修复工作的进展，且享受着因修复工作而能观察到越来越多鸟类的乐趣。每年观鸟塔都会接待成千上万名访客。访客可以作为志愿者参加由世界自然基金会（WWF）组织的志愿者营活动，并亲自参与修复活动，这些修复活动本身也提供了一种"访客体验"。在芬兰，志愿者营在协助自然保护地的修复与管理方面已有悠久的历史；他们通常由15~20

名志愿者组成，并且必须经过妥善的规划、组织和管理，才能取得成功。

宣传教育是项目的另一项重要内容。项目制作了一本名为《走进湿地》的指导手册，用于协助小学教师制定校外研学旅行计划。该手册涵盖了适用于不同年龄段学生的活动、湿地管理相关文章及湿地野生动植物的描述。此外，教育材料还包括用于实地考察的湿地卡片、校园实地考察视频以及湿地鸟类海报（Uusimaa Regional Environment Centre and Southeast Finland Regional Environment Centre，2008）。

项目区域：

1. 基尔科努米市的盐湾（Saltfjärden, Kirkkonummi）
2. 基尔科努米市的梅德瓦斯托 - 斯托莫森（Medvastö-Stormossen, Kirkkonummi）
3. 埃斯波市的拉亚拉蒂海湾（Laajalahti Bay, Espoo）
4. 图苏拉和耶尔文佩的图苏拉湖（Lake Tuusula, Tuusula and Järvenpää）
5. 赫尔辛基的维 - 万汉卡乌蓬因拉赫蒂湾（Viikki-Vanhankaupunginlahti Bay, Helsinki）
6. 波尔沃的波尔沃河口 - 斯坦斯伯勒（Porvoonjoki estuary-Stensböle, Porvoo）

7. 佩尔纳亚的佩尔纳扬拉蒂湾（Pernajanlahti Bay, Pernaja）
8. 伊蒂、雅拉和瓦尔凯拉的皮哈雅尔维（Pyhäjärvi, Iitti, Jaala and Valkeala）
9. 科特卡和哈米纳市的萨尔明拉赫蒂湾（Salminlahti Bay, Kotka and Hamina）
10. 哈米纳市的基尔科亚尔维湖（Lake Kirkkojärvi, Hamina）
11. 哈米纳市的帕皮兰萨里 - 卢平拉蒂湾（Pappilansaari-Lupinlahti Bay, Hamina）
12. 维罗拉赫蒂的基尔康 - 维尔基拉恩图拉（Kirkon-Vilkkiläntura, Virolahti）

在修复沿海草甸工作中，使用了可以在松软和洪水泛滥的地形上操作的特殊设备［来自伊尔波·霍尔曼（Iipo Huolman）］

鸟湾生物项目通过保护全欧洲受威胁最严重的栖息地和物种的"Nature 2000 自然保护地网络"，支持了芬兰履行《欧盟野鸟保护指令》和《欧盟栖息地指令》的承诺。该项目总预算约 330 万欧元，其中欧盟委员会的生命计划（LIFE Programme）提供一半的资金，另外还有 16 个资助方贡献了国家资金。该项目具体由乌西马地区（Uusimaa）环境中心负责管理，并且与芬兰东南部地区环境中心以及其他 11 个合作伙伴共同合作。

1）修复和管理行动的结果被评价为"优秀的，特别是对湿地鸟类而言"（European Commission LIFE Programme，2008）。监测结果表明，该区域水鸟的物种数量和个体数量都显著增加，这对于确定项目的成功至关重要（Uusimaa Regional Environment Centre，2007）。

2）对休憩娱乐活动的管控有效减少了对鸟类栖息和筑巢区域的干扰。同时，展览板、自然步道和观鸟塔有效提升了娱乐设施的便利性，增强了访客的教育体验以及对生态修复项目的理解。

3）对项目结束后该区域的长期维护进行规划至关重要。在项目实施期间，通过让当地农民参与项目活动，并鼓励他们申请用于管理的农业环境补贴，达成了对修复后的沿海栖息地的管理协议。自项目结束以来，合作伙伴一直在进行放牧和刈割，以维护鸟类栖息地。在许多区域，各种活动和工作也仍在进行中，如清除小型外来捕食者（浣熊、狗和美国水貂）以及维护观鸟塔、自然步道、展览板等娱乐设施。

以下是该项目取得的主要经验。

伊尔波·霍尔曼（Iipo Huolman）认为，项目的精确规划是其成功的关键因素："所有项目都应有明确且切合实际的具体目标，同时，所采取的措施必须能够确保在有限的项目周期内能达成这些目标。项目结束后的规划同样至关重要，否则可能导致项目成效骤减。"

韩国亚洲黑熊种群恢复

感谢韩国国家公园管理局、IUCN 亚洲生物多样性保护项目的许海英（Hag Young Heo）博士为该案例整理作出了重要贡献。

将亚洲黑熊重新引入智异山国立公园（**准则 1.2**），涉及利益相关方的广泛参与和沟通，以确保获得公众的支持并最大限度地减少人类与野生动物的冲突（**准则 3.1**、**准则 3.3**）。此外，还需要考虑对当地社区可能造成的社会经济影响

兽医正在对黑熊开展健康筛查，并为其更换无线电发射器（来自韩国国家公园管理局物种恢复中心）

（**准则2.4**）和黑熊放归后的持续监测（**准则1.6、准则2.2**）。

过去10年，在韩国最大的山岳型国家公园——智异山国立公园（总面积达471 km²），由生物学家、生态学家、兽医和当地社区组成的一个多学科团队成功地重新引入了亚洲黑熊（*Ursus thibetanus*），使其种群得以自我维持。由于朝鲜王朝（1392~1910年）的"消除有害动物"政策，以及朝鲜日据时期（1910~1945年）和20世纪60~70年代的大规模偷猎，2001年的统计表明，该公园仅存有5~8只黑熊（Jeong *et al.*，2010）。亚洲黑熊在韩国被列入濒危物种名录，被IUCN定级为"易危"，同时被列入《濒危野生动植物种国际贸易公约》（CITES）附录Ⅰ。

开展重新引入亚洲黑熊的决定基于深入的研究和调查，以评估亚洲黑熊在不同方案下的生存概率。该项目由韩国国家公园管理局（KNPS）管理执行，包含以下3个主要目标（IUCN and KNPS，2009）：①通过建立公众信任和获得政府支持，在适宜的栖息地恢复亚洲黑熊种群；②在Backdudaegan（朝鲜半岛的生态轴）地区和智异山国立公园，建立可自我维持的种群；③通过重新引入亚洲黑熊，促进生态系统恢复至健康状态。

在2001年首次试验性放归黑熊后，2004~2010年共有30只类似亚种（*U. t. ussuricus*）的野生小熊幼崽从俄罗斯和朝鲜引入，并在智异山国立公园内放归。在放归之前，所有黑熊都经过检疫和健康检查，以降低将疾病传播给野生种群的风险。工作人员每天会通过黑熊佩戴的信号发射器或GPS项圈开展监测。截至2010年3月，放归的黑熊中有50%存活，且有两只已经成功繁殖（Jeong *et al.*，2010），到2011年繁殖数量达到5只。韩国国家公园管理局成立了物种恢复中心，旨在促进濒危物种的有关研究。物种恢复中心实施了一项黑熊放归后的持续监测计划，该计划收集和分析有关黑熊的活动范围、健康状态、栖息地、行为、食物资源以及对自然环境的适应情况等大量数据，以期为今后的黑熊引入工作提供科学依据。

在智异山国立公园，大约有20%的土地为私人所有，当地社区在这些土地上采集树胶和养蜂。为了解决人类土地利用与黑熊栖息地冲突的问题，韩国国家公园管理局与当地政府和社区合作，建立针对黑熊造成损害的赔偿机制，同时对黑熊的活动进行跟踪监测，并通过对该项目和偷猎影响资料的宣传教育来提升当地公众的意识。物种恢复中心通过监测黑熊的活动范围来预测遭到黑熊破坏的潜在区域，并设置电围栏以减少损害。与 2006 年相比，2007 年黑熊对蜂箱的损害减少了 85%（Lee，2009）。这些工作有助于获得公众和政府对该项目的支持。此外，项目还努力提高公众对偷猎影响的认识，并指定当地人担任"荣誉巡护员"，帮助消除非法捕猎陷阱。迄今为止，已经清除了 270 多个非法陷阱。

1）由于当地社区生产生活区域与黑熊栖息地存在重叠，要获得公众对修复工作的信任和支持是本项目的重大挑战。关于重新引入黑熊重要性的宣传和教育，以及对放归黑熊的持续监测和管理是获得公众和政府支持必不可少的工作（Jeong et al.，2010）。

2）物种恢复中心作为一个致力于重新引入濒危物种的机构，其专业的科研力量和资金支持有助于项目的长期成功（Jeong et al.，2010）。

3）为了给黑熊种群提供更广阔的栖息空间，特意划定了包含智异山国立公园在内的"亚洲黑熊自然保护地"，总面积达 965 km^2。

4）放归后的持续监测对项目成功至关重要（2011 年与许海英的私下交流）。

以下是该项目取得的主要经验。

"自种群恢复项目启动以来的 10 年里，我们遇到了众多挑战和挫折，然而，这些经历为我们积累了丰富的知识，也加深了我们对黑熊及其附近居民的了解"（2011 年与许海英的私下交流）。

马达加斯加的凡德里亚纳·马鲁兰布森林景观修复项目

感谢世界自然基金会的丹尼尔·瓦劳里（Daniel Vallauri）为该案例的整理提供帮助。

在人口稠密的马达加斯加，生态修复项目通过持续的社区参与，深入了解各利益相关方的观点和优先事项，并据此规划和指导项目活动（**准则 3.1**），以恢复生物多样性和生态系统服务（**准则**

在智异山国立公园开展亚洲黑熊放归（来自韩国国家公园管理局物种恢复中心）

保护、管理和修复森林景观是维系马达加斯加独特生物多样性的关键途径 [来自丹尼尔·瓦劳里（Daniel Vallauri）（世界自然基金会）]

2.3）。通过协作学习、提升当地利益相关方的专业技能和协作（**准则 3.2**）以及发展替代生计（**准则 2.4**），有助于增加社区对生态修复项目的支持，推动新国家公园的成立。

马达加斯加作为一个生物多样性热点地区，却面临着严重的森林砍伐，它作出了在全球范围建立自然保护地的最具雄心的承诺，但同时也经历着政局动荡和社会动乱。社会的不稳定和贫穷是造成环境退化的根本原因。1990~2005 年，由于轮垦耕种、无节制的火灾、木材和非木材林产品的采集、非法商业伐木等活动，马达加斯加每年约有 40 000 hm² 的森林损失（Roelens *et al.*，2010）。然而，马达加斯加约有 90% 的特有物种栖息于森林生态系统中，这些残存的森林对维系生物多样性至关重要（Gorenflo *et al.*，2011）。

世界自然基金会的凡德里亚纳·马鲁兰布森林景观修复项目于 2004 年启动，旨在恢复和保护退化的森林，并解决导致森林退化的社区压力。凡德里亚纳·马鲁兰布是一个生物多样性极其丰富且地方特有种繁多的地区，占地约 20 万 hm²，包括耕地、休耕地、草原、稀树草原、外来物种森林（松树和桉树）、原生森林（Lehman *et al.*，2006）。该项目的目标主要包括：①保护森林独特的生物多样性和功能完整性；②恢复森林资源和生态服务；③提高该地区居民的福祉（Roelens *et al.*，2010）。

该区域生物多样性丰富，因为这里既有退化森林斑块，也有相对原始的森林斑块，形成了一个宽度为 5~20 km、面积约 80 000 hm² 的基本完整的森林廊道。基于历史参照条件的生态修复对于防止廊道的破碎化或恢复其连通性至关重要。

项目通过采用被动和主动的修复方法，包括清除外来植物、建立防火带以防止灌木林火灾，以促进约 5000 hm² 区域的森林自然更新并加速其演替，从而恢复生态完整性（Roelens et al., 2010）。传统法律和社区制定的称为"Dina"的规定，为被动修复区域提供了强大的保障，这不仅促进了社区参与的正式化，而且防止这些区域的非法侵占。此外，项目还积极修复了 500 hm² 的森林，并建立了 58 个苗圃用于培育约 100 种本土植物。

项目组与当地社区进行了广泛协商，制定土地利用的共同愿景，确定他们的需求和愿望，并寻找替代生计以减轻贫困和减少对该区域的压力。项目试图通过示范而不仅仅是说教，说服社区采纳传统轮垦农业的替代方案。具体活动包括为来自 70 个社区的代表提供农林业、养蜂、堆肥、种植等方面的培训（Roelens et al., 2010），同时鼓励学员在他们的社区采用新的方法和技术，而这些社区随后可成为巡回宣传的重点。迄今为止，在这些社区的土地上已经建立了 40 个试点项目。

长期以来，关于土地的传统使用权和对政府缺乏信任一直是冲突的焦点（Roelens et al., 2010）。基于当地习俗建立的社区参与方式对项目的成功至关重要。该项目的主要目标之一是通过社区基地（COBA）提高社区管理其资源的能力。这是一个自愿的过程，首先在 COBA 内部确立恰当的组织架构，随后开展社会经济研究和社区对森林利用及需求的调研，从而设定自然资源可持续利用的门槛。随后，COBA 将制定管理计划，明确严格保护区和允许利用自然资源的区域。目前，项目已建立 8 个 COBA，大约 900 户家庭（约 5000 人）自愿参与了这一可持续的自然资源管理行动（WWF，undated）。

虽然凡德里亚纳·马鲁兰布森林景观修复项目面临诸多挑战，但在短时间内取得了显著的进展。其中一项挑战是难以聘请到具有专业知识的人员和顾问专家，以解决用于朗姆酒的非法蔗糖生产的问题，而非法生产甘蔗是造成部分森林廊道退化的主要原因之一，且该问题在项目初期未被认识到（Roelens et al., 2010）。此外，有效协调社区需求也存在非常大的挑战。世界自然基金会（WWF）作为在某些社区中唯一的外部组织，面临着处理与项目目标非直接相关的社区需求的压力，如生殖健康咨询和交通需求。

以下是该项目取得的主要经验。

1）鉴于项目区普遍存在贫困问题，生态修复项目需要采取一种综合策略，这种策略得到了社区的广泛支持，并带来了更持久的成效。然而，这种综合且创新的策略使项目的实施更加复杂，也使得项目更难吸引潜在的贷款方和资助方（Roelens et al., 2010）。

2）景观层面的森林修复是一项长期举措。无论从生态学角度还是从改变社会和经济行为的角度来看，5 年时间是远远不够的。然而，资助方通常只会提供 1~5 年的资金，长期的资金筹措则是一项挑战（Roelens et al., 2010）。

3）尽管国家政治不稳定，但通过向项目团队中的当地协调员提供持续支持，项目仍能在国家发生政治危机期间取得进展（Roelens *et al.*，2010）。

4）深度的社区参与对于项目获得社区的支持和认可至关重要。如果当地社区对项目的益处持有怀疑态度，生态修复项目就难以成功［2010年与丹尼尔·瓦劳里（Daniel Vallauri）的私下交流］。此外，与已有的社区组织合作，意味着已经有了一套现成的体系，用于培训和支持当地居民采纳新方法（Roelens *et al.*，2010）。

5）生态修复项目的所有步骤（如明确问题、吸纳利益相关方参与、设计项目、制定总体目标和具体目标、监测）都很重要，但这些步骤不是线性的。在项目进行过程中，这些步骤常常需要同时进行，并根据新获得的信息进行调整。一些活动，如养蜂和示范性参观或旅游，在项目初期并未预料到，而是后来根据社区的需求而增加的（Roelens *et al.*，2010）。

成功的关键：在恰当的时机、适宜的区域种植合适的物种［来自阿波利奈·拉扎菲马哈特拉（Appolinaire Razafimahatratra）（世界自然基金会）］

2010年，政府成立了凡德里亚纳·马鲁兰布国家公园，占地面积80 000 hm^2，并由马达加斯加国家公园进行管理。尽管要维持并扩大目前的成效仍面临许多挑战，但采取将生态修复整合至景观层面的综合性策略，对于赢得公众对新国家公园创建的支持至关重要。

南非"守护林地行动"的亚热带灌木丛修复项目：减贫、碳汇和修复

感谢生态恢复之都罗得岛大学罗得岛恢复研究组的迈克·鲍威尔（Mike Powell），为该案例的整理作出了巨大贡献。同时，也感谢"守护林地行动"的安德鲁·奈普（Andrew Knipe）为该案例的付出。

马达加斯加贫困村民对自然资源的不可持续利用，尤其是刀耕火种的农业，造成原始森林覆盖面积减少了90%：因此，迫切需要找到一种替代方案，既能促进生物多样性的恢复，又能持续推动农业发展［来自阿波利奈·拉扎菲马哈特拉（Appolinaire Razafimahatratra）（世界自然基金会）］

这是一项旨在修复亚热带灌木丛的政府倡议，其通过为当地社区提供培训和能力建设（**准则 3.2**）来开展种植和其

他修复活动（**准则 1.2**）。项目重点包括一系列的效益，如碳汇（**准则 2.3**）、推动农村就业来减贫（**准则 2.4**）。

南非东开普省的一些自然保护地面积相对较小且分散。为恢复自然保护地的自然价值、重建景观的连通性和弹性，以及实现东开普省生物多样性保护计划的目标，有必要开展包含私人土地在内的大规模修复工作（Berliner and Desmet，2007）。南非政府于 2004 年启动了亚热带灌木丛修复项目（Subtropical Thicket Restoration Programme，STRP），该计划是"守护林地行动"（WfWoodlands）计划的一项倡议，旨在通过固碳和修复亚热带灌木丛，在东开普省创造一个新的农村经济。

"守护林地行动"本身是一项更大的农村减贫倡议的一部分。因此，南非环境事务部通过执行机构甘图斯灌溉委员会为低收入农民提供了修复技术和生活技能（如初级保健、艾滋病防治）方面的培训以及就业机会，并为新企业家提供商业技能培训。

由于历史上的过度放牧、入侵物种的扩散抑制了森林景观的自然再生，森林中的灌木丛大面积退化。灌木丛的退化导致生态系统服务功能的丧失，并给农村生计带来负面影响，估计每户每年可能损失 1500 南非兰特的收入（Mills et al.，2010）。灌木丛的恢复可以提供许多益处，包括固碳、恢复生物多样性、控制水土流失以及改善供水和水质。

科学研究表明，马齿苋及其相关的地面覆盖层、落叶层和土壤具有较高的碳储存能力，而利用从完整灌木丛中采集的枝条进行扦插，可以较低的成本成功修复退化的灌木丛。这项研究促使在东开普省公园通过国际碳市场寻求修复资金，并使相关工作获得了旅游局的支持。

该项目虽然主要关注碳汇，但也力求符合《国际自愿碳标准》（VCS）和《气候、社区和生物多样性标准》（CCB），除了固碳，项目还必须具有生物多样性保护的效益和支持当地社区发展的效益。由于种植时间较短，尚未储存足够的碳，因此，核查小组尚未对该项目进行核查。政府也在寻求机会能在自愿碳市场上交易。

仅仅通过消除压力源（山羊放牧），并不能实现灌木丛的自然再生；不过，扦插种植已被证明能有效地促进灌木丛的重建。由农业部和私人土地所有者进行的早期地块修复的证据表明，在恢复后的 50 年内，植被的生物多样性有可能重新恢复（Mills et al.，2010）。该项目进行了一项大尺度的工作，设计了 300 个地块，其部分目的是了解土壤和气候条件如何影响马齿苋的存活率和固碳量。对这些地块的持续监测，可以促使我们不断获得新的知识，指导项目的设计和策略的制定，如最经济有效的扦插种植技术（Mills et al.，2010）。

Mills 等（2010）概述了适宜生态修复的场地条件，其中包括：①分析历史上马齿苋密集生长的灌木丛的分布范围，以确保适宜的修复区，并识别马齿苋灌木丛的退化区域。②根据模型预测，评估未来在气候变化背景下适宜修复的区域。③确保在修复区周围可获得充足的

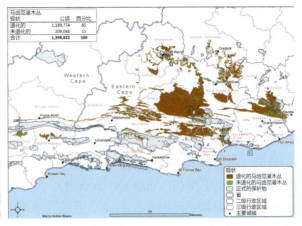

马齿苋灌木丛现状	公顷	百分比
退化的	1,189,774	85
未退化的	209,048	15
合计	1,398,822	100

左图：图中的分界线显示了退化的灌木丛和亚热带灌木丛修复计划修复的区域［来自迈克·鲍威尔（Mike Powell）］

右图：该图显示了退化的马齿苋灌木丛和保护地的范围［来自安德鲁·斯克沃诺（Andrew Skowno）］（Mills *et al.*，2010）

马齿苋插条，这样既可以减少运输成本又可以确保植物品种的适宜性。④在修复的 3~5 年内，必须禁止牲畜进入修复区，因为牲畜的啃食会对修复区域的新生植物造成破坏。

该项目主要聚焦于自然保护地内的修复工作，据估计，该区域的退化面积大约有 61 000 hm²。迄今为止，该项目已在东开普省的 3 个自然保护地内修复了 2000 hm² 的退化灌木丛。然而，该项目最初就计划将 STRP 打造为一个吸引私营部门投资的启动平台，通过碳信用融资来扩大私有土地的修复工作范围［Mills *et al.*，2010；2010 年和 2011 年与迈克·鲍威尔（Mike Powell）的私下交流］。面对 120 万 hm² 的退化灌木丛，几家新公司已经成立，能帮助恢复自然保护地以外的重点区域。一个包括修复退化私有土地在内的景观尺度的行动，可以提高现有破碎化自然保护地的自然价值，并重建景观的连通性和弹性。

一家名为"生态修复资本"（Ecological Restoration Capital）的公司正在推进多个修复项目，这些项目将整合一套生态

项目雇佣当地低收入的农民参与灌木丛修复工作，帮助减轻其贫困状态［来自迈克·鲍威尔（Mike Powell）］

系统服务付费机制，内容包括碳汇、水资源、生物多样性方面。这些价值将被纳入项目设计中，并产生额外收益，以补偿当地农户在修复土地方面的投入，这些区域将提高附近自然保护地的保护价值。

以下是该项目取得的主要经验。

1）由于景观的高度破碎化和严重退化，修复工作不能只采用"仅限自然保护地内部"的策略。在自然保护地内开展修复工作时，必须全面考虑周围的景观和各种参与者、压力源和利益相关方。即使在像巴维亚斯克卢夫自然保护区（Baviaanskloof Nature Reserve）这样的大型保护地区，周围景观中土地所有者的行为也会对修复活动产生直接且根本的影响。如果上游牧场没有植被覆盖来控制偶发的洪水事件，那么目前的冲积扇修复计划将不会有效［来自 2010年和 2011年与迈克·鲍威尔（Mike Powell）的私下交流］。

2）此外，还需要更多的办法来确保在私有土地上的投资，如在契约型公园和托管区域上的投资。在成本或能力方面，仅通过购买和管理来继续扩大自然保护地范围是不可行的。在半干旱景观区域，修复工作可能需要30~50年才能完成，并且需要大量的资金投入。然而，托管协议的期限通常不到30年，因此，需要签订更长期限的协议。在不断变化的社会政治环境中和严峻形势的影响下，土地所有者可能不会遵守这些协议，转而继续开展不可持续的绵羊和山羊养殖［来自 2010年和 2011年与迈克·鲍威尔（Mike Powell）的私下交流］。

3）尽管未来修复目标将更加多样化，但最初的灌木丛修复工作集中在一个物种，即马齿苋。多位专家的研究表明，将马齿苋作为一个生态系统的工程师，通过适当密度的种植，可以在30~50年内实现自我演替，即由生态系统的生物组分所驱动的演替（Mills *et al.*, 2010; van der Vyver, 2011）。另一位专家迈克·鲍威尔（Mike Powell）建议采取预防性原则，特别是在具有重要生物多样性意义的自然保护地内，通过繁殖更多的植物物种，以促进恢复一个完整生态系统内所发现的全部生物多样性［来自 2010年和 2011年与迈克·鲍威尔（Mike Powell）的私下交流］。

4）在退化区域恢复马齿苋很大程度上仍处于试验阶段。由于马齿苋的生长和恢复受到众多因素的影响，人们对马齿苋的科学认识仍然有限。因此，修复过程中总是出现让人失望或者让人惊喜的结果（Powell *et al.*, 2010）。

墨西哥拉坎敦森林：传统生态知识在森林修复中的应用

感谢塞缪尔·莱维-塔切尔（Samuel Levy-Tacher）为该案例整理作出的巨大贡献。

玛雅社区的传统生态知识（**准则 1.5、准则 2.4、准则 3.2**）与西方科学的融合，有助于恢复恰帕斯州退化土地上的森林。拉坎敦（Lacandon）项目通过广泛的科学实验和对当地传统土地利用方式的学习，为生态修复提供了技术层面的支持（**准则 1.2、准则**

拉坎敦社区育苗圃培育了 15 种本土树种，数量达 200 000 株 [来自弗朗西斯科·罗曼·达尼奥贝蒂亚（Francisco Román Dañobeytia）]

2.4）。项目还包括让农民参与具有经济效益的研究和修复活动（**准则 2.4、准则 3.2**），为当地学生提供苗圃管理培训课程（**准则 3.2**）以及跟踪监测（**准则 1.6、准则 2.2**）。

通过向墨西哥恰帕斯州南部的拉坎敦玛雅农民了解传统生态技术，科研人员掌握了管理入侵物种和修复森林的有效工具。民族植物学家塞缪尔·莱维-塔切尔（Samuel Levy-Tacher）和当地的拉坎敦专家唐·曼努埃尔·卡斯特利亚诺斯·查金（Don Manuel Castellanos Chankin）自 1993 年以来便一直与拉坎敦森林合作，成功将当地传统生态技术应用于退化土地的修复。

拉坎敦森林位于联合国教科文组织蒙特斯·阿祖莱斯（Montes Azules）生物圈保护区内，是一个生物多样性极为丰富的区域。墨西哥东南部的玛雅地区长期以来一直受到人类活动的影响。对拉坎敦人而言，传统的土地利用周期会经历 3 个阶段，包括耕种、长期休耕和自然森林演替。这种土地利用方式使土壤得以恢复，同时在每个阶段还能为当地社区提供食物、药物、薪材和其他生态系统服务，并减少将热带森林转变为农业用地的压力（Levy-Tacher *et al.*，2002）。过去几十年，社会和经济变化引起的流离失所人口的迁移，已导致传统农业耕作方式消失、土地利用强度和土壤压实度增加、物种多样性降低以及外来入侵物种扩散（Levy-Tacher and Aguirre，2005）。在许多情况下，废弃的田地持续退化，无法自然恢复。

为了恢复和记录传统生态知识（traditional ecological knowledge，TEK），研究人员开展了一系列研究，内容如下。

1）识别最具代表性的植被类型，并对 400 多种本土树种进行民族植物

在拉坎敦热带雨林，外来蕨类植物入侵 4 年后的树木生长状况 [来自弗朗西斯科·罗曼·达尼奥贝蒂亚（Francisco Román Dañobeytia）]

学特征描述（Levy-Tacher *et al.*，2002，2006）。

2）加深对拉坎敦农业生产系统中主要物种和功能群的了解（Levy-Tacher，2000；Levy-Tacher and Golicher，2004）。

3）管理本土树种，促进土壤肥力的恢复（Diemont *et al.*，2006）。

4）明确不同农业利用模式下的自然演替路径（Levy-Tacher and Aguirre，2005）。

5）控制阻碍天然森林演替的外来入侵蕨类植物 *Pteridium aquilinum*（Douterlungne *et al.*，2010）。

6）利用热带早、中、晚期演替阶段的树种来修复退化牧场（Román Dañobeytia *et al.*，2007，2012）。

7）制定策略，将传统生态知识用于恢复拉坎敦雨林景观的连通性（Levy-Tacher *et al.*，2011）。

Douterlungne 等（2010）研究了采用传统方法控制入侵性蕨类植物 *Pteridium aquilinium* 的有效性，这种蕨类植物会抑制天然森林的自然演替。为了控制这种蕨类植物，当地农民种植了一种速生树种——轻木（*Ochroma pyramidale*），当地人称之为 *Chujúm*。轻木遍布整个中美洲和南美洲北部，它可以通过遮阴作用抑制入侵蕨类植物的生长，并且其落叶分解后能够为土壤提供养分，为本土物种提供生长条件。研究发现，通过采用拉坎敦的传统方式播撒轻木的种子，并结合杂草控制，那些被蕨类植物入侵和退化数十年的土地很快就恢复成为森林。此外，这种方式不仅效果好，而且经济效益高。

传统的玛雅知识与西方科学的融合已经发展出新的管理策略，用于修复退化土地[1]。有两种对生态修复有用的传统玛雅策略，分别是"森林带"（*tolches*）和"合法保留地"（*fundo legal*）。当地有一个根深蒂固的传统，在道路两侧、田野周围以及河流、池塘和运河的岸边都必须保留一条宽约 20 m 的林带，这些林带能有效防止水道沿线的侵蚀和洪水，玛雅人称其为"森林带"。此外，玛雅人还有在村庄周围保留一条 2 km 宽的森林带的传统，即"合法保留地"，这是一个公共区域，可以适度用于获取薪柴和狩猎，但总体上保持完整。村民还发现，这些森林带有助于调节温度，因为它们吸收了令人窒息的热量。

2005 年在拉坎敦热带雨林的新帕莱斯蒂纳（Nueva Palestina）社区开始实施的大规模退化土地修复项目中，传统的玛雅知识得到了很好的应用和验证。该项目充分结合传统生态知识，通过对干预区域进行特征描述和绘图，并利用"森林带"和"合法保留地"来提升景观的连通性。迄今为止，共有 320 hm² 土地正经历着不同阶段的生态修复，其中有许多实验性处理，涉及使用 20 种多用途的本土树种，这些树种能够相互补充。这些修复地块都是废弃的牧场、蕨菜地、低矮的休耕地和玉米地。

---

① 来自 the video Raices Mayas, 2010. 50: 25

在恰帕斯州帕伦克，采用本土速生树种来修复牧场［来自塞缪尔·莱维-塔切尔（Samuel Levy-Tacher）］

项目吸纳了 100 名泽尔塔尔（Tzeltal）农民，这些农民人均拥有土地 2 hm²，每年每公顷的经济效益达 365 美元。生态修复资金由多个政府机构资助，这些资金已成为那些参与修复项目的农民的重要经济来源。2010 年，人们对修复区域进行了监测，以评估在不同条件下种植的树木的存活率和生长情况。基于这些监测和评估信息，人们改进了干预策略，使树种使用、成本和效益更为高效。

新帕莱斯蒂纳农业学校（CECyT 25）的师生也参与了该项目。中学生通过参与幼苗培育来完成社会实践和实习体验。迄今为止，该项目已对 250 名学生和 4 名教师进行了苗圃管理培训，他们不仅获得了经济奖励，还获得了由墨西哥南方边境学院（ECOSUR）颁发的培训证书，该学院自 2004 年起就与这所农业学校签订了合作协议。

以下是该项目取得的主要经验。

1）传统生态知识的价值需要得到西方科学的更多认可，特别是对其预测能力的肯定以及对传统修复方法广泛推广的可行性的认同［来自 2011 年与塞缪尔·莱维-塔切尔（Samuel Levy-Tacher）的私下交流］。

2）有必要咨询并让传统农户作为专家参与研究项目的设计和实施。当前迫切需要通过科学实验来理解并运用传统生态知识，而不是局限于对传统生态知识使用的描述性研究［来自 2011 年与塞缪尔·莱维-塔切尔（Samuel Levy-Tacher）的私下交流］。

3）对传统生态知识进行验证的研究，有助于制定出当地人更有可能采用的修复策略（Douterlungne et al., 2010）。

4）林业专家弗朗西斯科·罗曼（Francisco Román）在 2011 年的一部关于拉坎敦森林传统土地管理的电影《玛雅人的故事》中指出："我承认，在与这些农民打交道之前，我认为'传统'这个词就意味着某种古板的方式，一种能顺应时代但很少改变的方式。但现在，我看到的是这些传统农民开放和创新的精神，他们是真正的先锋。"[1]

事实上，传统生态技术可能植根于遥远的过去，但对我们来说却是全新的[2]。

---

① 来自 the video Raices Mayas, 2010, 53: 26-54: 10
② 来自 the video Raices Mayas, 2010, 53: 6

毛里塔尼亚塞内加尔河下游三角洲修复

感谢迪亚林国家公园主任达夫·奥尔德·萨拉·乌尔德·达夫（Daf Ould Sehla Ould Daf）博士和奥利维尔·哈默林克（Olivier Hamerlynck）在本案例整理中提供的帮助，该案例研究大量引用了 Hamerlynck 和 Duvail（2003）、Hamerlynck 和 Duvail（2008）的成果。

在迪亚林（Diawling）国家公园及其周边地区恢复自然水文系统（**准则 1.2**），推动了三角洲红树林生态系统和水鸟种群的恢复，也使得当地社区赖以生存的生态系统服务得以恢复（**准则 2.3**）。支持生计是该项目的核心，以确保当地社区受益，并鼓励与修复目标相兼容的经济活动（**准则 2.4**）。根据对生态、社会和经济影响的密切监测（**准则 1.6、准则 2.2**）以及通过利益相关方参与所获得的反馈（**准则 3.1**），随时间的推移而对泄洪水管理工作作出调整。

1991 年，当迪亚林国家公园成立时，塞内加尔河下游三角洲肥沃的河漫滩、红树林和沙丘系统已经变成一个"盐碱沙漠"。该三角洲曾是国际重要的水鸟越冬和繁殖地，包括鸬鹚、苍鹭、琵鹭、鹈鹕、火烈鸟等。多年的干旱以及用于农业灌溉和水力发电的大坝建设，使得下游三角洲区域每年雨季的洪水消失。这对生物多样性以及依赖自然资源的当地社区的生计造成了毁灭性的影响，这些生计包括捕鱼、采集食物、放牧牲畜和手工艺制作等。此外，大坝给当地带来的益处很有限，由于土壤盐碱化增加，只有约 20% 的计划灌溉区进行了耕种（Hamerlynck and Duvail，2008）。

迪亚林国家公园位于塞内加尔河的毛里塔尼亚一侧，占地约 16 000 hm²。1991~1996 年，该公园制定了一项管理计划，旨在恢复下游三角洲更广泛区域的生态系统功能，并推动当地社区生计的发展。这项计划是世界自然保护联盟（IUCN）和毛里塔尼亚政府之间一系列合作项目中的一部分，并得到了荷兰政府的支持。新国家公园的建立曾引起争议，当地社区担心他们在公园内的自然资源利用会受到限制（Hamerlynck and Duvail，2008）。实际上，修复工作的目标是大约 50 000 hm² 的区域，这增强了当地社区所依赖的生态系统产品和服务的供给，这些产品和服务的影响范围远远超出了国家公园的边界。

为了使三角洲的生态完整性恢复至筑坝前的状态，项目修建了水利设施（堤坝和闸门）来管理泄洪。全面收集了有关水文、生物、社会经济及其他影响方面的数据，以便通过计算机模拟不同的泄洪情景。在重新引入洪水时，洪水的影响在时间和空间上逐渐扩大。在每次泄洪后，都会监测和评估其对生物多样性和当地生计的影响，由此根据监测评估结果和利益相关方的建议对泄洪管理措施进行调整（Hamerlynck and Duvail，2003）。

项目促成了迪亚林国家公园和下游三角洲快速且卓有成效的恢复（Hamerlynck and Duvail，2008）。在干旱和盐碱条件下幸存下来的少数红树林如今长势良好，并繁衍出了大量的幼

当地妇女制作的手工艺品（来自迪亚林国家公园）

鱼类河口的虾、鲻、鲱开始洄游到它们的产卵和育幼场，鳄鱼也重新出现。越冬水鸟的平均数量从 1992~1993 年的不到 6000 只增加至 1994 年的 60 000 多只（Hamerlynck and Duvail，2008）。此外，通过认可和鼓励所有与生物多样性保护相兼容的传统利用方式，修复项目极大地促进了公园内外社区生计的改善。

从一开始，项目设计就以支持当地社区生计发展的参与式方法为核心。该项目为新的和传统的经济活动提供了支持。例如，为当地妇女提供培训从而重新发展手工制作席子，作为收入来源，并通过循环基金提供购买设备的资金，如渔网、船只、园艺工具、播种机、缝纫机（Hamerlynck and Duvail，2008）。

苗，这些幼苗正在河口区成功定植；从卫星遥感图像上可以看到，一年生和多年生植被的覆盖率显著增加。河漫滩的

根据 Moulaye Zeine（2004）的一项研究估计，社区每年从修复工作及其相

恢复后的渔业（来自迪亚林国家公园）

关生计活动中获得的经济收益至少有 78 万美元（Hamerlynck and Duvail，2008）。另外，Hamerlynck 和 Duvail（2008）根据受洪水影响的总面积估计，水利基础设施的投资大约是每公顷 26 美元，与此相比，当地每户家庭每年可获得的直接经济收益至少有 1300 美元。然而，尽管项目取得了成功，并取得了显著的效益，但贫困状况仍普遍存在，而且面临着要获取资金来维护和更换老化的水利设施以维系恢复的水文状况的困难，更不用说将生态系统修复模式扩展到三角洲和塞内加尔河的其他地区。

以下是该项目取得的主要经验。

1）数据收集是非常必要的，有助于动员利益相关方，并促进关于最优泄洪管理方案的深入讨论（Hamerlynck and Duvail，2003）。

2）在创建公园的过程中，需要确保当地社区能够持续利用自然资源，并承诺通过发展替代生计确保当地居民的收入来源（Moulaye Zeine，2004）。

3）通过泄洪管理恢复三角洲的洪水，使生态系统功能及其相关的生态系统服务的恢复相对容易。该做法之所以特别成功，是因为生态系统本身具有弹性，即物种已经适应高度变化的洪水淹没范围和时间，因此能对有利条件迅速作出反应（Hamerlynck and Duvail，2008）。

4）水位管理和工程实施仍然存在技术挑战，需要持续的观察并对所采用的方法进行不断调整（Hamerlynck and Duvail，2003）。

该项目为 2005 年建立跨界生物圈保护区创造了必要条件，其中包括毛里塔尼亚的迪亚林国家公园和查特布尔（Chat Boul）保护区，以及塞内加尔的朱迪鸟类国家公园。当前的挑战是如何在更复杂、更大范围的区域内，有效地让所有利益相关方参与到政府共同作出的联合环境治理行动计划中（Borrini-Feyerabend and Hamerlynck，2011）。

巴西大西洋沿岸森林保护地修复项目

感谢野生动物研究与环境教育学会的里卡多·米兰达·德·布里特斯（Ricardo Miranda de Britez）为本案例的整理提供了大量指导。

摄像监测显示，3 个私人自然保护区中的一个种植区正在恢复中（来自野生生物研究与环境教育协会）

碳汇项目（**准则 2.3**）通过采用人工种植和自然再生相结合的方式（**准则 1.2**），用于帮助恢复巴西大西洋沿岸极度濒危的森林栖息地的连通性（**准则 1.4**）。与当地社区合作是该项目的重要内容（**准则 3.1**），包括提高互惠学习的机会（**准则 3.2**）、通过提供就业机会和发展替代生计来提高经济效益（**准则 2.4**）。全面的监测和研究也在持续进行（**准则 1.6**、**准则 2.2**），其取得的结果和经验也被广泛宣传（**准则 3.3**）。

巴西大西洋沿岸森林生物多样性丰富，但极为破碎，其森林覆盖率仅剩不到 10%（Metzger，2009；Laurance，2009）。位于巴拉那州南部海岸的瓜拉克萨巴（Guaraqueçaba）环境保护区，保留着该片森林最大的残存林地，超过 50% 的森林树种和近 3/4 的其他植物都是地方特有种。

1999 年，野生生物研究与环境教育协会（SPVS）和大自然保护协会（TNC）启动了一项行动，通过修复森林栖息地和自然生态过程，以及实施碳汇项目来减缓气候变化，从而保护和修复瓜拉克萨巴近 19 000 hm² 的区域（SPVS，2004）。合作伙伴建立了 3 个私人自然保护区，即伊塔基山脉（Serra do Itaqui）、卡舒埃拉河（Rio Cachoeira）和米纳山（Morro da Mina）自然保护区。该项目设定了多个目标（涉及所需的重点、资金和合作伙伴关系），包括：①通过保护森林和修复退化森林来保护生物多样性；②通过实施碳汇项目来减缓气候变化；③发展与保护目标相兼容的创收活动；④通过建立合作社和小农协会等组织，支持瓜拉克萨巴环境保护区的社区发展；⑤对自然保护地工作人员、访客和社区进行环境教育；⑥保护水资源；⑦开展项目宣传，以促进其他地区的成功修复。

作为生态修复项目的一部分，SPVS 还与当地社区密切合作，充分汲取当地知识来规划与实施修复活动。保护工作的重点是通过在 30% 的区域上重新造林来恢复退化的 1500 hm² 牧场，并通过减少放牧压力来促进自然更新。此外，为了提高幼苗在最初几年的存活率，开展了除草、刈割、施有机肥等维护工作。10 年来，项目种植了约 75 万株幼苗，这些幼苗来自两个苗圃，每年可培育约 30 万株几十种的本地树苗（Ferretti and de Britez，2006）。

自 1997 年以来，数据收集系统所获得的数据对于指导项目活动至关重要。为了更好地了解该区域的生态学特征并将其运用于项目设计中，项目方与多家研究机构合作进行了 70 多项试验和研究。研究探讨了不同修复方法的成效、生物多样性指标（土壤动物、蝴蝶、鸟类等）、植被自然更新以及演替和生态过程建模（如授粉、种子传播、养分循环等）（Bruel *et al.*，2010；Leitão *et al.*，2010；Cheung *et al.*，2010）。项目也开展了跟踪监测，以评估植物物种在不同土壤类型中的生长速率、维护成本和效果。所有与修复工作相关的数据，包括幼苗生产、种植、栽培方法和监测，都已存储在地理信息系统（GIS）中，并用于评估项目活动的结果和成本。因此，项目获得了大量关于该生物群落中本地树种

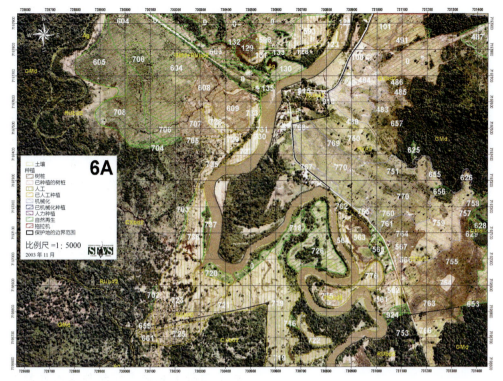

比例尺为 1：5000 的航空影像图，展示了用于规划、维护和监测的种植区（来自野生生物研究与环境教育协会）

育苗和种植的技术知识，并且项目采用的技术方法也基于这些技术知识进行了调整。

　　该项目由三家美国私营公司资助，分别为美国电力公司（American Electric Power）、通用汽车（General Motors）、雪佛龙公司（Chevron Texaco）。在项目实施前，开展了碳储量的基线测量，并在修复区域建立了 274 个永久性地块以测量固碳量，作为产生碳信用额度的基础。此外，生物量监测也在持续进行中。

　　该项目还采用了一个强有力的参与方法，以增强当地社区的专业技能和协作能力，并通过发展与保护目标相兼容的农林业、生态旅游和养蜂等活动来增加当地社区的收入。项目特别强调使用当地人，至今已有 65 名当地人被聘为公园护林员以及从事维护、管理和修复工作的员工。当地社区也寻求帮助，以建立新的社区协会和合作社，如建立生态旅游伙伴关系以推动可靠的、公平的旅游业发展。项目为发展以有机香蕉和棕榈心生产为主的农林复合系统提供了技术支持，这不仅创造了收入，而且减少了杀虫剂的使用，同样也减少了用于开发新香蕉种植园的森林火灾。此外，SPVS 和社区合作伙伴还制定了针对不

准备用于种植的树苗［来自野生动物研究与环境教育协会的里卡多·米兰达·德里特斯（Ricardo Miranda de Britez，SPVS）］

同受众（如员工和家庭、在校学生、社会团体）的环境教育计划，以提高人们对自然和保护价值的了解。该项目所收获的经验信息也得到广泛宣传。

这是最早尝试将气候变化、生物多样性保护和可持续发展相结合的项目之一。虽然长期修复项目（如森林修复）的延续面临着获取追加资金的挑战，SPVS 和 TNC 的目标仍然是希望能在更大范围内复制该项目模式，并增加新的行动。SPVS 还试图通过将瓜拉克萨巴作为一个示范和培训中心，提高人们对于生物多样性保护对维持生态系统服务

重要性的认识，从而吸引更多保护资金的投入［2011 年与里卡多·米兰达·德·布里特斯（Ricardo Miranda de Britez）的私人交流］。

以下是该项目取得的主要经验。

1）项目中开发的新技术，如通过种植速生本地树种来抵御入侵的臂形草属（Brachiaria）植物的策略，可以被运用于类似条件下退化区域的修复。该项目获得的知识已应用于瓜拉克萨巴（Guaraqueçaba）环境保护区中的另一个私人保护区——萨尔托·莫拉托（Salto Morato）的修复工作中。

2）生态修复过程还在持续进行中。大约有30%的区域仍然未完成森林再生过程，这主要是由于这些区域的土壤较为湿润。为解决这一问题，今后的活动将优先考虑消除外来入侵的臂形草属植物，因为这些草会阻碍小溪的水流并增加土壤湿度，从而影响树木的生长。

3）通过支持合作社和协会来促进社区自主组织非常重要，这需要培训和教育，并要考虑其对社区的短期、中期和长期的影响。

4）确定宣传并传播项目成果的有效方式，如会议、讲座、文章、对土地所有者的实地走访等，便于项目成果得以传播、推广、复制和改进。

在开展修复工作的同时提高当地社区生计，以及通过私营部门来筹集部分资金的这种做法，为其他自然保护地开展保护工作提供了示范［2011 年与里卡多·米兰达·德·布里特斯（Ricardo Miranda de Britez）的私人交流］。

141°栖息地计划：恢复澳大利亚南部栖息地并连接自然保护地

感谢维多利亚公园的伊恩·沃克（Ian Walker）为该案例整理作出了重大贡献。

141°栖息地计划提供了一个在自然保护地内外恢复功能连通性的案例（**准则 1.4**），其将修复工作扩展到景观尺度，这考虑了多个合作伙伴和利益相关方的各种利益和关注点（**准则 2.1**），并融入了利益相关方的参与、规划和决策的长期愿景（**准则 3.2**）。

141°栖息地计划是一项长期的行动计划，旨在通过合作来修复和连接更大区域的景观，同时提升澳大利亚南部现有自然保护地的自然和文化价值。这是澳大利亚正在进行的六项景观计划之一，这些计划构成了"连接景观"（Linking Landscapes）合作框架，旨在构建洲际尺度的连通性保护廊道以应对气候变化（Worboys *et al.*，2010b）。虽然澳大利亚南部有一个广泛的自然保护地网络[①]，但其周围是澳大利亚破碎化最为严重、人类高强度开发（主要开发为农业用地）的生态系统。

该项目面积超过 2000 万 hm²（仅略小于英格兰和苏格兰的国土总面积），横跨南澳大利亚州、新南威尔士州和维多利亚州，并以项目所沿的经度线将其命名为 141°栖息地计划。项目区域拥有众多生态系统类型，包括牧场、石南荒原、小桉树（小型多干桉树）和赤桉（*Eucalyptus camaldulensis*）森林、河漫滩、多草林地和富含石灰岩的沿海平原[②]。修复工作有助于维护或恢复 107 种国家名录中的受威胁物种，包括斑眼冢雉（*Leipoa ocellata*）、黑耳矿吸蜜鸟（*Manorina melanotis*）、米切氏凤头鹦鹉（*Lophochroa leadbeateri*）和帚尾岩袋鼠（*Petrogale penicillata*），以及 3 种国家名录中受威胁的生态群落，包括澳洲铁木麻黄群落（Buloke）、多草林地和许多兰花物种。

141°栖息地计划的主要目标之一是维持和增强陆地与水生生态系统栖息地的连通性。在某些地区，这可能需要沿着生态系统的降雨梯度恢复"踏脚石"或廊道，包括墨累河（Murray River）洪泛平原、沿海地带和小沙漠的低地沙地生态系统。该项目聚焦于增加适宜栖息地的面积以及恢复东西向的连通性（Koch，2009）。

[①] 141°栖息地区域内有两处世界遗产地、两处国家遗产地、六处拉姆萨尔湿地，还有位于十九处国家公园的超过 2000 处自然保护区和两处原住民保护区以及一些私人所有的自然保护区。
[②] http://www.habitat141.org.au/about/

141°栖息地计划有以下4个重点内容［2010年和2011年与伊恩·沃克（Ian Walker）的私人交流］：①通过与私人和公共土地所有者、土地管理者、投资者和特殊利益群体以及志愿者之间建立伙伴关系，动员农村和社区的积极参与。迄今为止，141°栖息地计划已联合了22个成员组织，其中包括绿化澳大利亚（Greening Australia）、维多利亚公园（Parks Victoria）、荒野保护协会（Wilderness Society）、维多利亚自然联盟（Victoria Naturally Alliance）等主要合作伙伴。②充分利用伙伴成员的优势、技能和知识来产出高效益、高性价比的成果。③将恒久的环境管理理念深植于社区中。④将投资的重点放在"自然保护行动计划"中确定的优先领域。141°栖息地计划吸纳了从区域到洲际尺度的系统规划，并正在运用大自然协会（TNC）的"保护行动计划"（Koch，2009）来制定具有协调性和针对性的规划。

气候变化预计将会对澳大利亚产生重大影响（Preston and Jones，2006），并且可能加剧现有的威胁。针对上述情况，保护策略应着重于提高自然生态系统的弹性和适应能力（Dudley et al.，2010）。然而，要有效应对这些挑战，需要扩大行动的规模、加强行动的力度，并加快行动的步伐。141°栖息地计划旨在维持具有弹性的景观，使得基因、物种、动植物群落能在适应性管理策略下生存和进化。该计划期望通过保护和修复退化的、破碎化的土地，提升自然保护地之间的连通性，并提升其生态系统服务功能。修复工作的重点是扩大栖息地，提高那些数量减少或零散破碎的动植物种群的生存能力。连通性是计划的一个关键目标，此外，该计划也致力于通过增加结构连通性、植被缓冲区、"踏脚石"和镶嵌式的栖息地，促进物种扩散（Koch，2009）。

141°栖息地计划致力于建立一个合作治理模式。项目对全域内的9个地区进行了协调性规划。在规划过程中，确定和评估了重点保护对象以及保护和修复优先事项，以提高该地区的自然价值。规划已经促成了多个规模、目标和重点各不相同的项目。

141°栖息地计划地图（维多利亚州的绿化澳大利亚）

与阿拉皮莱斯山（Mt. Arapiles）融为一体的绿化澳大利亚的多样生物碳汇（Greening Australia's Biodiverse Carbon）修复区的景观。该区域被购买后通过实施战略性的修复，增强努科恩连通区（Nurcoung Link）内栖息地的连通性，而这也是 141° 栖息地计划中的优先生态廊道 [来自澳大利亚威默拉保护志愿者协会的盖尔·韦斯顿（Gail Weston，Wimmera Conservation Volunteers Australia）]

1）在 141° 栖息地计划成员 "Bankmecu"（一家澳大利亚银行）主导下，在维多利亚州获得了 3 处总面积超过 600 hm² 的重要连通性栖息地。澳洲铁木麻黄林地（Buloke）和荒漠纤维皮桉林地（Desert Stringybark）为濒危的红尾黑凤头鹦鹉（*Calyptorhynchus banksii*）和其他因破碎化景观中的栖息地丧失而受威胁的珍稀物种提供了栖息地。Bankmecu 与社区合作，正在这些地区积极地推动植被修复工作。这些工作作为 141° 栖息地计划更广泛框架的一部分，致力于保护和修复私人土地，以保护那些在现有自然保护地未得到充分保护的物种，并促进它们在气候变化中的迁移和生存[1]。

2）自然信托基金（Trust for Nature）、绿化澳大利亚（Greening Australia）和格兰屏小沙漠生物连通性（The Grampians Little Desert Biolink）共同合作，保护了维多利亚州一种为数不多的濒危物种肥厚木麻黄（*Casuarina obesa*）。该项目涉及 90 hm² 的协议土地和 10 hm² 的澳洲铁木麻黄（Buloke）修复林地（Habitat

① www.bankmecu.com.au/why-bank-with-us/sustainability/environmental/conservation-landbank.html

141°，2010b）。总体来说，该项目提升了格兰屏国家公园和小沙漠国家公园之间原生栖息地的质量，扩大了其范围，增强了这些栖息地之间的连通性。

3）沃里嫩（Woorinen）修复项目是141°栖息地计划的一部分，由梅里·马利（Murray Mallee）地方行动计划协会（MMLAP）、绿化澳大利亚和政府机构合作开展。该项目旨在通过改进灌木沙丘及开阔洼地的林下植被，提高附近巴卡拉（Bakara）保护地的自然价值（Habitat 141°，2010b，2010b；MMLAP，2009）。该项目正在恢复一些数量下降、珍稀濒危的小桉树鸟类的关键栖息地，包括紫颊纹吸蜜鸟（*Lichenostomus cratitus*）、栗腰薮鸲（*Drymodes brunneopygia*）和白额澳吸蜜鸟（*Phylidonyris albifrons*）（南澳大利亚政府）。修复工作主要集中在350 hm² 的沙丘植被区域，包括本土植被恢复、放牧管理和杂草控制。项目还帮助加强多方组织之间的合作，并通过动员志愿者，提高人们对141°栖息地计划的认识和对自然保护地管理的支持（Government of South Australia，undated）。

以下是该项目取得的主要经验。

1）最重要的经验教训是，与众多合作伙伴共同制定愿景是极其重要的。最根本的是拥有一个能激励人们并赋予其权力的愿景，这是因为它能激发和鼓励人们通过不同的行动来推动目标的实现［2010年和2011年与伊恩·沃克（Ian Walker）的私人交流］。

2）在自上而下和自下而上之间取得平衡。显然，人们普遍不愿意被某个高高在上的机构所控制、施压、指导或支配，尽管该机构也在寻求改善各方的协调和指导。其中的一项挑战是协调政府和非政府组织之间的关系。政府机构作为推动者的"新角色"现在得到了普遍认可，同样，非政府组织在协调各方资源及激发社区参与方面的作用也得到了充分认可。多部门合作伙伴之间建立关系、达成共识并在实践中取得成效是一个逐步的过程。141°栖息地计划也是澳大利亚第一个涉及如此多元化伙伴参与的项目［2010年和2011年与伊恩·沃克（Ian Walker）的私人交流］。

3）141°栖息地计划要求制定一个用于决策和合作的管理模式［2010年和2011年与伊恩·沃克（Ian Walker）的私人交流；Habitat 141°，2010a］。

141°栖息地计划的愿景是通过与社区齐力合作，保护、修复和连通从海洋到内陆的野生生物赖以生存的栖息地。

加拿大瓜伊哈纳斯莱尔岛恢复土地和铭记历史项目

感谢玛丽 - 乔茜·拉伯奇（Marie-Josée Laberge）和劳丽·魏因（Laurie Wein）对本案例整理作出的重要贡献。

在加拿大西海岸莱尔岛上进行的生态修复项目，将溪流和河岸森林的修复与该地区对当地海达族土著人民的文化意义联系起来（**准则 1.5**）。该项目提

在加拿大瓜伊哈纳斯的莱尔岛，学生们正在参与鲑鱼苗放流活动（来自加拿大公园管理局）

都有鲑的身影；鲑还是偏远海达社区的重要经济来源。

1985 年，海达族的长者在莱尔岛发起了一场历史性的政治对峙，抗议在他们的传统土地上进行不可持续的伐木。这些抗议最终促成了 1993 年瓜伊哈纳斯国家公园和海达遗产保护地的建立，并在自然保护地管理中建立了合作管理模式，这成为当时加拿大独一无二的管理模式。如今，有关瓜伊哈纳斯的管理决策，包括有关修复活动的决策，都是由群岛管理委员会协商一致并共同作出的，

供了一个共同决策和管理的范例（**准则 3.1**），并通过吸引访客参与（**准则 3.4**）、鼓励年轻人积极参与生态修复活动（**准则 3.2**），增强了人们对自然保护地的归属感和长期支持。

莱尔岛是瓜伊哈纳斯国家公园和海达（Haida）遗产地的一部分，对海达族具有极其重要的意义。在海达语中，瓜伊哈纳斯意为"美丽的岛屿"，它象征着加拿大太平洋沿岸美丽和丰富生态的精髓。莱尔岛是瓜伊哈纳斯历史的一个重要标志，也是海达族保护其自然和文化遗产的重要象征。

莱尔岛是群岛中面积最大的岛屿，面积达 17 300 hm²，在未被砍伐的溪流中拥有成熟、完整的森林生态系统。在自然保护地建立之前，莱尔岛经历了大规模的伐木活动，导致森林生态系统功能衰退，包括溪流河道受损，以及适宜多种鲑产卵和育幼的栖息地的丧失。鲑是当地海达人传统饮食的主食，也是海达族的重要象征，许多海达族的传说中

在瓜伊哈纳斯莱尔岛的桑迪溪（Sandy Creek）进行溪流修复期间，工作人员采用绞盘将一棵树移到合适的位置（来自加拿大公园管理局）

在瓜伊哈纳斯的莱尔岛上放流的鲑鱼苗（来自加拿大公园管理局）

在加拿大瓜伊哈纳斯，一名公园讲解员手持描绘着鲑图案的海达鼓（来自加拿大公园管理局）

该委员会由加拿大政府（加拿大公园管理局）和海达族的代表组成。

2009 年，国家公园启动了一项修复退化的溪流和邻近河岸森林的计划，以促进在岛屿溪流中重建可自我维持的鲑种群。项目不仅恢复了国家公园内生态系统的生态完整性，还支持了该地区的传统渔业和商业渔业，并重新将海达族人与他们族群曾经为之奋斗的象征建立起联系，那是他们为捍卫自然和文化遗产而斗争的峥嵘历史。

修复活动主要集中在 3 条溪流上，即桑迪（Sandy）、塔克利（Takelly）和波沃科（Powrivco），共覆盖 2.5 km 的河道和 15 hm² 的毗邻河岸森林。传统知识以及该区域历史上鲑洄游的定量数据为溪流修复的选择提供了依据。此外，一片未经采伐的原始森林区域——温迪溪（Windy Creek）作为参照生态系统。通过向溪流中投放大型木质残体并稳固河岸，增加河道的复杂性，从而为鲑提供更适宜的产卵场。2010 年秋季，项目从溪流中采集了鲑的亲鱼（大麻哈鱼，学名 Oncorhynchus keta），并在孵化场中人工饲养，然后在 2011 年春季放流到修复后的溪流中[2011 年与劳丽·魏因（Laurie Wein）的私下交流]。

在溪流附近的河岸森林区，通过营造树冠间隙来恢复次生林，模仿原始森林的特征，并为溪流修复提供木屑来源。对溪流和河岸森林的监测一直在进行并将长期持续下去（Muise，2010）。

海达渔业（海达族的渔业管理组织）、赫卡特海峡溪流管理员（Hecate Strait Streamkeepers）和加拿大渔业及海洋部（Fisheries and Oceans Canada）是溪流修复和鲑增殖放流的主要合作伙伴。溪流内部结构建造、监测和研究等实地工作由加拿大公园管理局和海达渔业的工作人员共同开展。

项目成果已经并将继续通过报告、期刊文章、媒体宣传和学术会议等形式进行广泛宣传。2010 年 11 月，海达族委员会为纪念 1985 年抗议活动 25 周年，举办了一场庆典，包括赠礼仪式（一种西海岸第一民族的仪式，通过赠送礼物，让证人为重大事件作证），以纪念他们为保护家园所作的奋斗，并表彰"在莱尔岛一线"（stood the line at Lyell）的 80 位长者。此外，作为庆典活动的一部分，瓜伊哈纳斯国家公园和海达遗产地展示了溪流生态修复和鲑的增殖放流工作。

该项目的一个重点是吸引年轻人参与修复活动。加拿大公园管理局和加拿大渔业及海洋部共同制定了一个计划，旨在提高人们对鲑的生态和文化意义的认识。学校的孩子们积极参与学习鲑生活史的活动，包括在课堂上安装鱼缸，用莱尔岛的鲑的亲鱼饲养鱼苗，并参与将鱼苗放归修复后的溪流。海达族的长者和代表还向孩子们讲述莱尔岛对海达族的意义，从抗议伐木的示威活动到成功获得对传统土地的管理权，再到为造福子孙后代而保护该地区所作的努力。

以下是该项目取得的主要经验。

1）通过让访客、社区成员和年轻人参与实际修复工作，该项目加深了人们对生态系统完整性的重要性以及莱尔岛对海达人和所有加拿大人的意义的理解（Parks Canada，2011e）。

2）国家公园的合作管理机构，即群岛管理委员会，建立了一种有利于达成共识的制度化决策机制，并且允许各利益相关方根据海达族的生态、文化和社区背景来制定项目目标［2011年与劳丽·魏因（Laurie Wein）的私下交流］。

3）莱尔岛项目注重海达人的生活、文化与陆地和海洋的联系。该项目不仅恢复了海达人的土地和莱尔岛溪流鲑的种群，而且重新建立了海达人与陆地和海洋之间强有力的纽带，鲑的回归就是这种纽带的象征（Parks Canada，2011e）。

4）通过与政府机构建立稳固且富有成效的合作伙伴关系，不仅提高了项目执行的效率，还显著提高了修复工作的成效。在这种偏远岛屿的特殊环境下，如果需要依赖岛外的专业技术，项目成本可能会大幅增加。特别是与岛上的加拿大渔业及海洋部，以及不列颠哥伦比亚省森林、土地和自然资源部门等机构建立的紧密合作关系，在推动项目实施方面取得了丰硕成果［2011年与劳丽·魏因（Laurie Wein）的私下交流］。

海达族的渔业生物学家彼得·凯蒂尼奇（Peter Katinic）指出："我们岛上的居民不会问溪流能为我们做什么，而是我们能为溪流做什么。莱尔岛的修复项目是岛上各群体联合协作、共同致力于渔业资源恢复的一个典型案例。"

伊拉克沼泽地修复项目

感谢巴士拉大学海洋科学中心的纳迪亚·阿尔慕达法尔·法齐（Nadia Al-Mudaffar Fawzi）博士（研究与发展部主任）和马利克·哈桑·阿里（Malik Hassan Ali）教授（总经理）为本案例研究作出的重大贡献。

2008年底，由于流入沼泽地的水量减少，Al-Safeya保护区内的残余水域和一些干枯的芦苇（来自巴士拉大学海洋科学中心）

修复被摧毁的伊拉克独特的沼泽地，有助于恢复一些独特的生态系统和重建文化遗产（**准则 2.4**）。最大的挑战是协调在该区域开展活动的众多国家和国际机构之间的发展政策与计划（**准则 2.5**）。地方层面的一些项目侧重于围绕规划和能力建设，与社区建立长期关系（**准则 3.1、准则 3.2**）。有效的沟通（**准则 3.3**）、研究和监测（**准则 1.6**）以及制定保障修复资金的管理机制（**准则 2.2**）也是项目的重要内容。

伊拉克南部的沼泽地曾是欧亚大陆上最广阔的沼泽地，曾以其丰富的生物多样性和文化而闻名。该沼泽地不仅为鸟类提供了重要栖息地，是西伯利亚和非洲之间的迁徙通道，而且为沙比氏中河鲃（*Mesopotamichthys sharpeyi*）、黄鳍梭鲃（*Luciobarbus xanthopterus*）等众多鱼类提供产卵场，以及为近缘新对虾（*Metapenaeus affinis*）提供育幼场。作为重要的天然过滤器，沼泽地使底格里斯河和幼发拉底河的污水在进入阿拉伯海湾之前得以净化。沼泽地内还栖息着其他众多生物，包括甲壳类动物（如 *Atyaephyra desmaresti mesopotamic*、*Parhyale basrensis*）、双壳类动物（如 *Pseudodontopsis euphraticus*），以及芦苇（*Phragmites australis*）和长苞香蒲（*Typha domingensis*）等。

除了生态意义，沼泽地还具有独特的遗产价值。数千年来，沼泽地在促进当地土著社区（即沼泽阿拉伯人或称为'ma'adan'）的经济和社会进步方面发挥了至关重要的作用。沼泽地被认为是"伊甸园"，并且是亚伯拉罕宗教的发源地，拥有许多重要的考古遗址。

位于底格里斯河和幼发拉底河交汇处的沼泽地由永久性和季节性的浅水湖泊、深水湖泊以及在季节性洪水期间经常被淹没的滩涂湿地组成。这些沼泽地被划分为以下 3 个单元。

1）哈马尔（Al-Hammar）沼泽，位于幼发拉底河和阿拉伯河西岸。当哈马尔沼泽地仍然完好无损时，哈马尔的永久性湖泊是幼发拉底河下游最大的水体，长达 120 km（UNEP，2005）。

2）中部（Al-Qurnah）沼泽，东临底格里斯河，南接幼发拉底河，面积约为 3000 km²，而在洪水期间可扩大至超过 4000 km²。

3）哈维则（Al-Hwaizeh）沼泽，位于底格里斯河东侧，介于伊拉克和伊朗边境之间。

沼泽地面临的最严重威胁是农业和石油勘探及开采所需的排水与引水。第一次海湾战争后，这种威胁变得更加严重。当地发生的政治事件导致堤坝的建

2007 年 2 月的 Al-Safeya 保护区（来自巴士拉大学海洋科学中心）

当地居民利用 Al-Safeya 保护区的湿地（来自巴士拉大学海洋科学中心）

造并由此排干沼泽地。传统的捕鱼和水稻生产也被旱作农业所取代（Lawler，2005）。这种蓄意的破坏对生态系统造成了毁灭性的影响，不仅威胁到众多物种的生存，而且给沼泽区居民带来严重的影响，他们因生存环境被破坏而被迫放弃自己的文化。2001年，联合国环境规划署发布的卫星图像显示，该区域90%的沼泽地已消失，造成的破坏已完全显露出来（UNEP，2009）。

自2003年当地政权垮台以来，沼泽地的重新灌溉和恢复受到了高度关注，这也反映了沼泽地对伊拉克人和国际社会的生态及文化重要性。一个新的国家沼泽部成立，以协调和推动沼泽地环境及其生物群落的保护和修复。许多国外

政府和国际机构已经启动了一系列行动，以支持沼泽地的恢复工作，其中包括联合国环境规划署，其主要提供科学和后勤援助，恢复沼泽湿地并推动人们重返家园。2008年2月，《拉姆萨尔公约》在伊拉克正式生效，哈维则沼泽地亦被正式认定为国际重要湿地。

伊拉克政府的目标是将沼泽地面积恢复至1973年的75%。但自2003年以来，沼泽地的面积一直处于波动状态。由于许多不可预见的因素，包括频繁的干旱、日益升高的气温，以及农业径流和未经处理的污水排放对河流的持续污染，流入沼泽地的水量和水质都未能持续保持稳定。土耳其和叙利亚境内的幼发拉底河上的大坝如今控制着流入沼泽

地的水量和时间,因此,流入沼泽地的水总量减少,春季洪水的脉冲量下降了2/3(Lawler,2005)。然而,项目也取得了一些进展。截至 2011 年 1 月,哈马尔沼泽地的面积已经恢复了 45%,这主要得益于幼发拉底河的水利工程将水引至该区域。2004~2005 年哈马尔和苏格舒尤赫(Suq Al-Shuyukh)沼泽地的调查显示,大多数的大型植物、大型无脊椎动物、鱼类和鸟类物种正重返修复后的沼泽地,虽然其密度仍然低于历史数据。

沼泽地的许多区域都在开展修复活动。例如,2005 年,伊拉克农业部提出了一项计划,在伊拉克和伊朗边境的哈维则沼泽地建立 Alsafia 保护区。巴士拉大学的海洋科学中心全面参与了在沼泽地开展的研究活动,并与政府紧密合作,完成了 Alsafia 保护区概念规划。为推动概念规划的实现,海洋科学中心主持了一系列研究和培训活动,并提议根据国际相关修复和保护协议,制定国内尚缺的自然保护地法律。他们制定的一项修复计划包括 3 个主要阶段:①确定修复区域并建立小规模的研究试验;②围绕生态修复的必要性开展提高社区意识和教育媒体宣传活动;③建立数据库以记录基线数据。遗憾的是,经过两年的努力,虽然投入了大量资金,修复计划仍遭遇了严重挫折,包括各省之间在水资源分配预算方面的协调不足,以及援助国与联合国项目在修复工作上的沟通不畅。此外,他们的自然保护地相关经验与知识缺乏,也导致规划和管理方面的不力。这些问题并不是个例,其他的沼泽地修复工作在保护管理和人类发展之间的协调方面也面临严峻挑战。国家和区域规划缺乏全局观念,并未考虑沼泽地的可持续发展以及其为人类提供的福祉,包括对水及其他基本服务的需求依然不清楚。

基于当地社区的项目可能是未来的发展方向。海洋科学中心正在与位于哈马尔沼泽地边缘的 Al-Malha 社区合作开展多个项目,包括修复沼泽地和重新引入重要鱼类。经过与社区长者(男女都有)的接触,以及与社区群体的广泛讨论,已确定了一系列的优先行动,包括:①争取获得石油公司的资金支持来开展修复工作,推动石油公司履行其社会责任。②为社区提供支持,以制定指定区域的修复计划,包括长期监测计划。③在修复过程中结合传统习俗。该项目的一个重要内容就是记录长者的故事,便于后代了解沼泽地退化前的传统环境管理模式。④以修复后的区域作为示范,为修复邻近区域提供技术和经验借鉴,最终将斑块化的生态系统重新连接起来。

以下是该项目取得的主要经验。

1)鉴于沼泽地近期才遭到破坏,需要记录当地的传统做法(如传统生态知识),并将其纳入沼泽地的修复与未来管理中。特别是捐助者和 / 或技术人员在规划修复项目时,需要考虑这些传统做法。

2)应明确记录并遵守沼泽地的管理和治理体系。

3)修复项目必须考虑民间社会、私营部门和国际社会在沼泽地发展中的作用。项目实施的第一步便是与包括社区在内的所有利益相关方对话并达成共识，共同规划项目行动。

4）必须在环境保护与社会经济发展之间取得平衡（确定土地利用的优先事项）。任何未来的修复工作都必须认识到这个矛盾的存在，并在修复与发展之间寻找到平衡点。

5）许多社区的领导都认识到了修复工作给当地带来的好处，但他们认为修复行动超出了他们的能力范围。国际捐助者和伊拉克政府需要认识到与社区建立伙伴关系和能力建设的重要性。

6）为了使修复计划取得长期成功，需要制定法律，特别是针对自然保护地的立法。

7）所在区域的石油公司应参与修复项目，并作为履行社会责任的一部分，为修复项目提供长期、可持续性的资金和技术支持。

8）从小处着手。通过小规模、成本较低的修复项目，逐步发展本土社区人员的修复技能和兴趣，从而实现大规模行动并实现最终目标。

通过适当的保护和管理实践来保护沼泽地的未来，这对于沼泽的生存至关重要。目前，人们正在建立各种自然保护地保护和建设方法，包括拉姆萨尔湿地建设、世界遗产地提名和国家公园地位确立（UN，2011）。然而，很明显，只有在沼泽地土著居民充分参与这一过程，并有足够的水资源来维持基本的生态过程的情况下，才有可能实现沼泽地的修复、管理和保护（Stevens and Ahmed，2011）。

春溪雨林项目：澳大利亚世界遗产地雨林修复

感谢澳大利亚热带雨林保护协会主席艾拉·凯托（Aila Keto）整理了该案例。

平坦山谷谷底主要被匍匐植物和根茎植物形成的南非牧草所覆盖，其需要在生态概念模型以及弹性理论和监测的指导下进行管理干预，以协助自然再生［来自基思·斯科特（Keith Scott）］

春溪雨林项目正在修复澳大利亚冈瓦纳雨林世界自然遗产地的一个关键庇护所的重要雨林栖息地、连通性和弹性（**准则 1.3**、**准则 1.4**）。该项目基于自然和人工辅助自然再生（**准则 1.2**），在一个依赖于研究和监测（**准则 1.6**）的适应性管理框架内进行，并涉及志愿者和利益相关方的参与（**准则 3.1**）。项目合作伙伴已经实施了强有力的规划，旨在建立项目长期执行的基础并获得资源的持续支持，从而确保有效的管理机制并促进资金的可持续（**准则 2.2**）。

澳大利亚冈瓦纳雨林世界遗产地（GRAWHA）为众多古老动植物提供了气候避难所。位于麦克弗森山脉春溪高原的高山云雾林是冈瓦纳雨林最湿润的核心区域。该区域是现今最接近 3000 万年前世界鸣禽祖先进化所处的更温润、更稳定的古气候的地方。春溪高原的面积仅略超过 5000 hm^2，但拥有近 1100 种本土植物、200 多种真菌以及 220 多种本土动物，包括 31 种蛙类、50 种爬行动物、183 种鸟类和 43 种哺乳动物。然而，在过去的一个世纪里，2000 hm^2 的高原地区大部分屡遭破坏，导致许多抵御气候变化的避难缓冲区遭到破坏。春溪雨林项目于 2005 年启动，是一个长期项目，旨在修复这些关键的栖息地和缓冲区，以及恢复现有国家公园与世界遗产地之间的景观功能连通性。

在项目的第一期（2005~2009 年），昆士兰州政府斥资 4000 万澳元购买了黄金海岸腹地春溪国家公园周边的 760 hm^2 土地。根据 1992 年的《昆士兰自然保护法》，该片土地的大部分被正式划为国家公园或国家公园（恢复区）。2008 年，澳大利亚雨林保护协会（ARCS）[1]与昆士兰州政府签订了一份为期 20 年的法律协议，即将无偿在国家公园的 268 hm^2 土地上进行热带雨林及相关植被的修复

让当地和更广泛的社区志愿者参与除草工作，可以提供丰富的学习和交流经验 [来自艾拉·凯托（Aila Keto）]

工作。此外，ARCS 还拥有 205 hm^2 受到严格契约保护的土地，也是该项目的一部分。项目涉及多个方面和多个学科，包括基于社区的协作性生态修复和科学伙伴关系，并且在许多领域都开创先河，包括如下几方面。

1）该项目标志着自然保护地选择策略上的重大转变。在保护地的选择上，从仅关注未受人为干扰的自然残余区域，到将废弃的牧场也纳入保护地，以重建和连通分散破碎的生物群落。

2）修复工作以科学为基础，利用明确的社会 - 生态系统概念模型和弹性理论指导、监测和评估实地实践。

3）社会、经济和生态概念模型在多个尺度上进行整合，以便更全面地了解和解决系统变化的驱动因素。

---

① ARCS 是一个非营利性社区保护组织，成立于 1982 年，旨在保护和恢复生物多样性，尤其是热带雨林和相关森林

位于春溪国家公园内的双子瀑布，属于澳大利亚冈瓦纳雨林世界遗产地，其水源来自 Boy-ull Creek 流域，该流域曾屡遭大规模的人为破坏，目前正在进行修复，以重建关键的栖息地、连通性和弹性［来自马克·阿什（Mark Ash）］

4）社会学习是实现项目目标的关键，并有助于确保世界遗产地在社区生活中发挥作用；概念模型有助于更好地确定目标和检验所用方法的效率与有效性。

5）运用新兴的监测技术进行适应性管理，如自主无线传感器、多媒体网络，实时监测偏远地区、复杂地形及流域尺度的生物群落、生态系统过程和栖息地恢复情况。这些技术在传统方法难以实现的区域发挥了作用。

6）针对基线调查和目标指标开展长期监测与定期报告，有助于对目标指标和假设，以及风险预测和管理进行持续评估与调整。

7）该项目以人工辅助的自然恢复为基础，并根据功能属性形成广泛适用的通用原则，以实现在生态意义尺度上的更具成效的修复。

8）修复工作主要由热心的志愿者和退休科学家义务进行。

9）由 ARCS 运营的两家生态旅游住宿企业的所有利润都用于开展修复、研究和监测工作，从而为项目提供长期持续的资金支持。

10）管理机制受到法律保护，以增强项目的长期可持续性。

该项目为提升促进修复的技术知识水平、能力、策略和设计提供了一个很好的示范。由于在过去 100 年中，春溪高原的大部分区域经历了开垦和焚烧（通常是反复焚烧），因此，如今的植被覆盖区和开垦区交错分布，为在一个相对较小的复杂地形区域内研究过去各种人类干扰和变化剧烈的环境梯度的演替响应提供了很好的时间序列，这些环境梯度包括海拔从 200 m 到 1050 m、年降水量从 1800 mm 到 3500 mm 甚至更多、土壤从淋溶土到深层富含养分的玄武岩衍生土壤。

该项目与澳大利亚联邦科学与工业研究组织（CSIRO）[1]和昆士兰州政府环境与资源管理部（DERM）[2]合作，正在使用一种先进的无线传感器网络进行试验，该传感器网络拥有 175 个传感器节点和 700 个独立传感器（是全球同类网络中最大的连续运行的网络）。该网络提供了长期的、整个流域范围内的微气象（包括云底高度和层浸入）和土壤水文数据，评估了栖息地质量和生态系统动态的非生物驱动因素[3]。生物响应则通过树围测量仪、树液流传感器、无线多媒体传感器网络、麦克风阵列和摄像头捕捉进行监测，补充了分层样方的长期动态监测数据。这些强大的技术，可以提升人们对物种的生活史，以及物种及其栖息地之间的复杂相互作用的理解，从而使人们的修复和监测能力更高效和更有效。

在生态修复工作中，入侵物种的管理是必要且成本较高的一部分。虽然这些修复区域的入侵植物多达 130 种，但在一项旨在制定更经济高效的管理战略的试点方案中，优先考虑的则是入侵和破坏最为严重的物种。项目正在采用一个基于多稳态模型的跨尺度社会 - 生态系统框架，以便更深入地了解生态系统的演替和入侵过程、评估风险，并设计管理干预的类型和时间（Keto and Scott,2009）。通过识别影响物种竞争的生活史和功能特征（包括资源利用率），对物种的耐阴性和耐霜性进行排序。这些数据有助于采取一种更新颖且更经济高效的方法来管理入侵物种。当年际效应（可能与厄尔尼诺周期有关）和不利的季节性微气候影响自然再生时，该方法显得至关重要。

由于仅恢复植被覆盖并不能确保物种的生存，因此，项目所采取的策略是将栖息地质量的恢复与跨景观的栖息地连通性设计相结合。指导原则包括满足物种的基本生态位和扩散需求、提供适应气候变化的能力，以及抵御入侵物种和其他威胁因素的影响。

项目也考虑了碳汇，但尚不清楚是否可以从自然保护地内的修复中获得碳信用额度。

以下是该项目取得的主要经验。

1）概念生态模型的使用对于决策是否、何时或何地需要采取人工干预以辅助自然再生至关重要。这些模型如果能真实反映生态过程，将可以提供一个强有力的工具来验证假设和应对常规方法无法处理的意外情况。所有的干预措

---

① 联邦科学与工业研究组织（the Commonwealth Scientific and Industrial Research Organisation，CSIRO）是澳大利亚的国家科学机构，由政府资助，并且是科学与技术研究的主要出版机构
② 环境与资源管理部（DERM）是澳大利亚昆士兰州政府下属的一个部门
③ http://www.sensornets.csiro.au/deployments/63

施都可以从系统的驱动因素或响应变量的角度进行解释，这些因素或变量通过反馈机制影响复杂的系统动态或演替轨迹。例如，除草、刈割等都属于可控干扰，这些干扰可以清除生物量（生产力）、改变物种竞争优势或限制入侵物种，以利于本土物种的生长。

2）社会 - 生态系统模型有助于以一种更综合的方式，更广泛地处理一系列潜在的变化驱动因素。

3）在生态修复项目中，种间促进过程相较于竞争过程常被忽视，但它实际上可能促成更加有效和高效的生态修复方案。这对于具有系统发育保守性状的第三纪孑遗植物更是如此，孑遗植物的特点限制了它们的再生和繁衍范围。任何能改善恶劣生存环境条件的物种，无论是入侵物种还是本地物种，都能促进这些孑遗植物在脆弱的幼苗阶段存活下来。为了在种间促进效益与种间竞争成本之间取得平衡，清除入侵物种的时机显得十分重要。如果这些外来物种得到妥善管理，则它们将有助于修复受损土壤，并在它们尚未对本土物种构成威胁之前，发挥"保育植物"的作用。

4）所采用的商业模式，包括生态旅游中住宿企业获得的所有利润，对项目的长期可持续性至关重要。慈善捐赠或赠款通常是不稳定的、短期的，而政府的优先事项也可能在相对短的周期内发生变化。

5）耐心和长期规划非常重要。与厄尔尼诺南方涛动等年代际气候周期相关的关键基础物种的大规模撒播种子事件，很好地阐释了这一重要性。在一开始面对大片废弃牧场时，人们常会首先考虑使用传统的植被修复方法，如种植苗木。

6）如果没有监测，我们很难恰当地应对不可避免的意外情况，也无法透明地评估项目进展。相比传统手段，新兴的监测技术能够以更经济实惠的方式进行与生态相关的时空尺度的监测，并且能更好地发现隐蔽的物种和现象，因此，监测技术对于了解生态修复过程非常重要。

7）社会学习和参与的重要性超出了最初的预期，它们作为适应性管理的一部分，促成了项目的多方面提升。

美国卡纳维拉尔国家海岸牡蛎礁修复项目

感谢自然保护协会佛罗里达分会海洋保护主任安妮·伯奇（Anne Birch）整理了该案例。

卡纳维拉尔国家海岸修复后的牡蛎礁航拍图［来自安妮·P. 伯奇（Anne P. Birch），大自然保护协会］

在佛罗里达州中东部海岸的卡纳维拉尔国家海岸，牡蛎礁修复项目采用以科学为基础的牡蛎垫新方法（**准则1.2**）来修复牡蛎礁，并吸纳了数千名不同年龄段的社区志愿者参与（**准则3.4**）。年度监测显示，该技术非常成功，使修复礁区恢复了与附近天然牡蛎礁相同的特点和功能（**准则1.6**、**准则2.2**）。此外，该技术还被用于稳定区域内具有重要历史意义的印第安人贝冢沿线的海岸线（**准则2.4**）。

牡蛎礁对河口生态系统至关重要，为包括人类在内的众多物种提供生态系统服务。与珊瑚礁一样，全球范围内的牡蛎礁已减少了85%（Beck *et al.*，2011），包括美国许多自然保护地内的牡蛎礁。作为海洋保护区的卡纳维拉尔国家海岸（CANA）和莫斯基托潟湖（Mosquito Lagoon）水生保护区，拥有印第安河潟湖系统中最大一片现存的牡蛎礁。卡纳维拉尔国家海岸的官员最初注意到在牡蛎礁旁边形成的"死亡边缘"，即在牡蛎礁向海一侧边缘上的牡蛎壳堆，并支持开展成因分析和后续的修复研究。研究表明，频繁的船只尾流导致潟湖中牡蛎壳的大量移动和沉积物的再悬浮，从而形成了"死亡边缘"（Grizzle *et al.*，2002；Wall *et al.*，2005）。

自2005年以来，大自然保护协会（TNC）、中佛罗里达大学（UCF）、布里瓦德动物园及合作机构和数千名社区志愿者一直致力于修复卡纳维拉尔国家海岸潮间带的牡蛎礁。该项目的总体目标是通过人工平整"死亡边缘"和用牡蛎垫（一种牡蛎的稳定补充基质）覆盖在外壳材料上，提高卡纳维拉尔国家海岸潮间带活牡蛎礁的覆盖率。项目的预期效益是增加适宜的牡蛎栖息地，从而提高活牡蛎、牡蛎集群及相关的牡蛎礁栖息生物的数量。此外，预计在邻近地区生物多样性增加方面的溢出效应也将是显著的（Barber *et al.*，2010）。生态修复的成效将作为衡量项目长期成功的标准，包括修复的礁区上"死亡边缘"的减少、活牡蛎数量的持续增加，以及牡蛎礁体结构的恒久稳固。

每张牡蛎垫是由 0.4191 m^2 的水产养殖级塑料网状材料制成，上面垂直固定 36 个牡蛎壳。这些牡蛎垫水平铺设在平整的、由死亡牡蛎壳构成的底质上，并通过水泥环形重物将每个牡蛎垫

在莫斯基托潟湖，正在工作的挖掘机：项目的总体目标是通过平整"死亡边缘"（牡蛎礁区向海一侧边缘上的牡蛎壳堆）和用牡蛎垫（一种牡蛎的稳定补充基质）覆盖外壳材料，提高潮间带活牡蛎礁的覆盖率［来自安妮·P. 伯奇（Anne P. Birch），大自然保护协会］

志愿者正在修复牡蛎礁，"牡蛎礁修复工作正在进行中"的指示牌用于提醒过往船只［来自安妮·P. 伯奇（Anne P. Birch），大自然保护协会］

连接和固定，以类似瓷砖地板的方式铺设。一旦铺设完毕，这种"地毯"式的垫子会像天然礁体一样，为牡蛎幼虫的定殖提供稳定的基质。制作牡蛎垫是一项非常适合各种年龄段和具备不同能力的社区志愿者参与的活动。超过 23 000 名志愿者参与了这一基于社区和科学的生态修复项目，其中许多志愿者是中小学生。

自 2007 年以来，已经有 50 个牡蛎礁得到了修复。年度监测结果表明，该方法行之有效，修复后的牡蛎礁维持了其稳定结构而没有被船只尾流冲走，而且牡蛎垫的补充率也与天然牡蛎礁相当。根据已收集的数据对所有修复的牡蛎礁（25 978 个牡蛎垫）作出推断，该项目约为 2 062 653 只活牡蛎提供了附着基质。合作伙伴、机构、公司的支持及社区的参与是促成项目成功不可或缺的因素。2011 年的夏季监测还发现，在许多修复后的牡蛎礁附近发现了海草，而这些区域在修复之前没有海草记录。

以下是该项目取得的主要经验。

1）为确保自然保护地内的天然牡蛎礁和修复后的牡蛎礁得到长期保护，需要采取综合性策略，包括基于用户的教育宣传和改变管理实践。

2）该修复技术在恢复牡蛎礁栖息地方面非常成功，并有望成为一种良好的海岸线稳定技术，以修复卡纳维拉尔国家海岸内印第安人贝家沿线的侵蚀海岸线［2011 年与 L. 沃尔特斯（L. Walters）的私下交流］。

3）采用以科学为基础的方法和长期监测，对于评估成效和调整修复行动以实现目标至关重要。

4）在其他河口开展牡蛎礁修复，需要进行基于科学的现场试验来研究和验证该牡蛎礁修复技术的有效性。

5）人们渴望参与海洋保护，只要有机会，他们会非常积极地参与修复活动。社区的高度参与也表明，牡蛎礁和沿海栖息地修复是一项有价值的投资。

6）积极主动地开展教育和吸引媒体的参与是非常重要的。媒体也在寻找正面的新闻消息，并且可以通过报纸、广播、电视和网络媒体的宣传，成为实现项目目标的重要合作伙伴。

7）该项目采用的牡蛎礁修复技术非常耗时。如果没有成千上万名志愿者制作和铺设牡蛎礁修复所需的数千个牡蛎垫，该项技术无法取得成功。

8）该项目及其他牡蛎礁修复项目的成果，正在为制定提升修复工作的政策和海岸带保护的政策提供支撑。例如，越来越多的政策将开展牡蛎礁修复列为优先事项，以获得显著的生态效益。

9）修复工作逐渐成为绿色经济的重要组成部分，为沿岸和远离海岸的社区提供了就业机会，并且带来了许多间接的经济效益。这些间接效益包括保护沿海区域和居民免受侵蚀、洪泛和风暴等自然干扰的影响，以及增加具有商业和休闲价值的鱼类和贝类栖息地。

10）该项目取得的经验及开发的新方法已经为其他重要河口的修复工作提供了参考，如北卡罗来纳州的阿尔伯马尔湾（Albemarle Sound）和墨西哥湾。

参 考 文 献

Airamé, S. and J. Ugoretz (2008). *Channel Islands Marine Protected Areas: First Five Years of Monitoring 2003-2008.* California Department of Fish and Game, Sacramento, California.

Alexander, M. (2008). *Management Planning for Nature Conservation: A Theoretical Basis and Practical Guide.* Springer, London and New York.

Alexander, S., C.R. Nelson, J. Aronson, D. Lamb, A. Cliquet, K.L. Erwin, C.M. Finlayson, R.S. de Groot, J.A. Harris, E.S. Higgs, R.J. Hobbs, R.R. Robin Lewis III, D. Martinez and C. Murcia (2011). 'Opportunities and challenges for ecological restoration within REDD+'. *Restoration Ecology* **19**: 683-689. [Online article accessed 21 June 2012]. http://onlinelibrary.wiley.com/doi/10.1111/j.1526-100X.2011.00822.x/full

Álvarez-Icaza, P. (2010). Diez años del Corredor Biológico Mesoamericano-México. In: J. Carabias, J. Sarukhán, J. de la Maza and C. Galindo (eds.) *Patrimonio natural de México: Cien casos de éxito.* Comisión Nacional para el Conocimiento y Uso de la Biodiversidad. México D.F. pp. 142-143.

Angelsen, A., M. Brockhaus, M. Kanninen, E. Sills, W. D. Sunderlin and S. Wertz-Kanounnikoff (eds.) (2009). *Realising REDD+: National Strategy and Policy Options.* CIFOR, Bogor, Indonesia.

Anon (2009). *Nariva Swamp Restoration Project Appraisal Document May 29, 2009.* Environmental Management Authority of Trinidad and Tobago [Online report accessed 21 June 2012]. www.ema.co.tt/docs/public/NARIVA%20 SWAMP%20RESTORATION%20-ENVIRONMENTAL%20 ASSESSMENT%2029%20MAY%2008.pdf

Aronson, J., C. Floret, E. Le floc'h, C. Ovalle and P. Pontainer (1993). 'Restoration and rehabilitation of degraded ecosystems in arid and semi-arid lands: A review from the South'. *Restoration Ecology* **1**: 8–17.

Aronson, J., S.J. Milton and J. Blignaut (eds.) (2007). *Restoring Natural Capital: Science, Business and Practice.* Island Press, Washington DC.

Ashcroft, M.B. (2010). 'Identifying refugia from climate change'. *Journal of Biogeography* 37: 1407–1413.

Ashworth, J. S. and R. F. G. Ormond (2005). 'Effects of fishing pressure and trophic group on abundance and spillover across boundaries of a no-take zone'. *Biological Conservation* **121**: 333–344.

Aune, K., P. Beier, J. Hilty and F. Shilling (2011). *Assessment and Planning for Ecological Connectivity: A Practical Guide.* Wildlife Conservation Society, New York.

Australian Heritage Commission (2003). *Protecting Natural Heritage: Using the Australian Natural Heritage Charter.* 2nd Edition. Government of Australia, Canberra, Australia.

AZE (2011). AZE Overview. Alliance for Zero Extinction [Webpage accessed 21 June 2012]. http://www.zeroextinction.org/overviewofaze.htm

Bainbridge, D. (2007). *A Guide for Desert and Dryland Restoration.* Island Press, Washington DC.

Baker, S. (2006). 'The eradication of coypus (*Myocastor coypus*) from Britain: the elements required for a successful campaign'. In: F.Koike, M.N. Clout, M. Kawamichi, M. De Poorter and K. Iwatsuki (eds.). *Assessment and Control of Biological Invasion Risks.* Shoukadoh Book Sellers, Kyoto, Japan and IUCN, Gland, Switzerland. pp.142–147.

Barber, A., L.Walters, and A. Birch (2010). 'Potential for restoring biodiversity of macroflora and macrofauna on oyster reefs in Mosquito Lagoon, Florida'. *Florida Scientist* **73**: 47–62.

Bavarian Forest National Park (2012). *Bavarian Forest National Park* [Webpage accessed 22 June 2012] http://www.nationalpark-bayerischer-wald.de/english/index.htm

Bayerischer Wald National Park (2010). *National Park Plan 2010: Goals and Objectives.* Bayerischer Wald National Park, Government of Germany.

Beaumont, L.J., A.J. Pitman, M. Poulsen and L. Hughes (2007). 'Where will species go? Incorporating new advances in climate modelling into projections of species distributions'. *Global Change Biology* **13**: 1368–1385.

Beck, B., K. Walkup, M. Rodrigues, S. Unwin, D. Travis, and T. Stoinski (2007). *Best Practice Guidelines for the Re-introduction of Great Apes.* IUCN/SSC Primate Specialist Group, Gland, Switzerland.

Beck, M.W., R.D. Brumbaugh, L. Airoldi, A. Carranza, L.D. Coen, C. Crawford, O. Defeo, G.J. Edgar, B. Hancock, M.C. Kay, H.S. Lenihan, M.W. Luckenbach, C.L. Toropova, G.F. Zhang, and X.M. Guo (2011). 'Oyster reefs at risk and recommendations for conservation, restoration, and management'. *BioScience* **61** (2): 107–116.

Bekhuis, J., G. Litjens and W. Braakhekke (2005). *A Policy Field Guide to the Gelderse Poort: A New, Sustainable Economy under Construction.* Stichting Ark and Stroming, The Netherlands.

Benayas, J.M.R., A.C. Newton, A. Diaz, and J.M. Bullock (2009). 'Enhancement of biodiversity and ecosystem services by ecological restoration: a meta-analysis'. *Science* **325**: 1121–1124

Bennett, G. (2004). *Integrating Biodiversity Conservation and Sustainable Landuse: Lessons Learned for Ecological Networks*. IUCN, Gland, Switzerland.

Bennett, G. and K.J. Mulongoy (2006). *Review of Experience with Ecological Networks, Corridors, and Buffer Zones*. CBD Technical Series No 23. CBD, Montreal.

Berkes, F. (2008). *Sacred Ecology: Traditional Ecological Knowledge and Resource Management*. 2nd Edition. Routledge, New York.

Berkes, F., J. Colding and C. Folke (2000). 'Rediscovery of traditional ecological knowledge as adaptive management'. *Ecological Applications* **10** (5): 1251–1262.

Berliner, D. and P. Desmet (2007). *Eastern Cape Biodiversity Conservation Plan Technical Report*. Department of Water Affairs and Forestry Project No 2005–012. Government of South Africa, Pretoria.

Bernbaum, E. (2010). 'Sacred mountains and global changes: impacts and responses'. In: B. Verschuuren, R. Wild, J. McNeeley and G. Oviedo (eds.). *Sacred Natural Sites: Conserving Nature and Culture*. Earthscan, London.

Björk M., F. Short, E. Mcleod and S. Beer (2008). *Managing Seagrasses for Resilience to Climate Change*. IUCN, Gland, Switzerland.

Blakesley, D. and S. Elliott (2003). 'Thailand, restoration of seasonally dry tropical forest using the Framework Species Method' [Online report accessed 22 June 2012]. http://www.unep-wcmc.org/medialibrary/2011/05/24/241c807c/Thailand%20highres.pdf

Block, W.R., A.B. Franklin, J.P. Ward, J.L. Garney and G.C. White (2001). 'Design and implementation of monitoring studies to evaluate the success of ecological restoration on wildlife'. *Restoration Ecology* **9** (3): 293–303.

Blood, D.A. (1993). *Sea Otters*. Province of British Columbia, Ministry of Environment, Lands and Parks, Victoria, B.C.

Bobiec, A. (2002). 'Białowieża Primeval Forest'. *International Journal of Wilderness* **8** (3): 33–37.

Borrini-Feyerabend, G. (1996). *Collaborative Management of Protected Areas: Tailoring the Approach to the Context*. IUCN, Gland, Switzerland.

Borrini-Feyerabend, G. and O. Hamerlynck (2011). *Réserve de Biosphère Transfrontière du Delta du Sénégal – Proposition de Gouvernance Partagée*. In collaboration with C. Chatelain and Team Moteur de la Gouvernance Partagée des aires marines protégées en Afrique de L'Ouest. March–April 2010 and March 2011. Phase 2 du Programme régional de Conservation de la zone Côtière et Marine en Afrique de l'Ouest - PRCM Projet Gestion Participative des Sites et des Resources Naturelles en Afrique de l'Ouest, (GP SIRENES), IUCN, CEESP, PRCM. [Online report accessed 28 June 2012] http://cmsdata.iucn.org/downloads/proposition_gouvernance_partagee_rbtds_22_june_final_pour_impression.pdf

Borrini-Feyerabend, G., N. Dudley, B. Lassen, N. Pathak and T. Sandwith (2012). *Governance of Protected Areas: From Understanding to Action*. IUCN, CBD and GIZ, Gland, Switzerland.

Boyes, B. (ed.) (1999). *Rainforest Recovery for the New Millennium*. WWF, Sydney, Australia.

Brandon, K. and M. Wells (2009). Lessons from REDD+ from Protected Areas and Integrated Conservation and Development Projects. In: A. Angelsen, with M. Brockhaus, M. Kanninen, E. Sills, W. D. Sunderlin and S. Wertz-Kanounnikoff (eds.). *Realising REDD+: National Strategy and Policy Options*. CIFOR, Bogor, Indonesia. pp. 225–236.

Brown, J., A.M. Currea and T. Hay-Edie (Undated). *COMPACT: Engaging Local Communities in Stewardship of Globally Significant Protected Areas*. UNDP, New York.

Brown, O., A. Crawford and A. Hammill (2006). *Natural Disasters and Resource Rights: Building Resilience, Rebuilding Lives*. International Institute for Sustainable Development, Winnipeg, Manitoba.

Bruel, B.O., M.C.M. Marques and R.M. de Britez (2010). 'Survival and growth of tree species under two direct seedling planting systems'. *Restoration Ecology* **18**: 414–417.

Butchart S.H.M., M. Walpole, B. Collen, et al. (2010). 'Global biodiversity: indicators of recent declines'. *Science* **328**: 1164–1168.

Cairns, J. Jr. (1997). 'Protecting the delivery of ecosystem services'. *Ecosystem Health* **3**: 185–194.

Cairnes, L. (2002). *Australian Natural Heritage Charter: For the Conservation of Places of Natural Heritage Significance*. 2nd Edition. Australia Heritage Commission and Australia Committee for IUCN, Sydney, Australia.

Calmon, M., P.H.S. Brancalion, A. Paese, J. Aronson, P. Castro, S. Costa da Silva and R.R. Rodrigues (2011). 'Emerging threats and opportunities for biodiversity conservation and ecological restoration in the Atlantic Forest of Brazil'. *Restoration Ecology* **19**: 154–158.

Calvo-Alvarado, J., B. McLennan, A. Sánchez-Azofeifa and T. Garvin (2009). 'Deforestation and forest restoration in Guanacaste, Costa Rica: putting conservation policies in context'. *Forest Ecology and Management* **258**: 931–940.

Cavalli, R. and F. Mason (2003). *Techniques for Re-establishment of Dead Wood for Saproxylic Fauna Conservation*. Gianluigi Arcare Editore, Mantova.

CCBA (2008). *Climate, Community and Biodiversity Project Design Standards*. 2nd Edition. Climate, Community and Biodiversity Alliance, Arlington, Virginia. December, 2008. [Online report accessed 25 June 2012] http://www.climate-standards.org/

Cheung, K.C., D. Liebsch and M.C.M. Marques (2010). 'Forest recovery in newly abandoned pastures in Southern Brazil: implications for the Atlantic Rain Forest resilience'. *Natureza & Conservação* **8**:1 66–70.

Chokkalingam, U., Z. Zaizhi, W. Chunfeng and T. Toma (eds.) (2006). *Learning Lessons from China's Forest Rehabilitation Efforts: National Level Review and Special Focus on Guangdong Province*. Center for International Forestry Research, Bogor, Indonesia.

Clarkson, B.R., B.K. Sorrell, P.N. Reeves, P.D. Champion, T.R. Partridge and B.D. Clarkson (2004). *Handbook for Monitoring Wetland Condition: Coordinated Monitoring of New Zealand Wetlands*. Ministry for the Environment, Christchurch.

Clewell, A.F. and J. Aronson (2006). 'Motivations for the restoration of ecosystems'. *Conservation Biology* **20**: 420–428.

Clout, M. (2001). 'Where protection is not enough: active conservation in New Zealand'. *Trends in Ecology and Evolution* **16** (8): 415–416.

Colfer, C.J.P., R. Prabu, M. Günter, C. McDougall, N.M. Porro and R. Porro (1999). *Who Counts Most? Assessing Human Well-being in Sustainable Forest Management*. The Criteria and Indicators Toolbox Series, number 8. Center for International Forestry Research, Bogor, Indonesia.

CONANP (Comision Nacional de Areas Naturales Protegidas), Fondo Mexicano para la Conservacion de la Naturaleza, and The Nature Conservancy (2011a). *Guía para la elaboración de programas de adaptación al cambio climático en áreas naturales protegidas*. CONANP, Mexico D.F.

CONANP (Comisión Nacional de Áreas Naturales Protegidas), Fondo Mexicano para la Conservación de la Naturaleza, and The Nature Conservancy (2011b). *Programa de adaptación al cambio climático en áreas naturales protegidas del complejo del Caribe de México*. Comisión Nacional de Áreas Naturales Protegidas, Fondo Mexicano para la Conservación de la Naturaleza, and The Nature Conservancy, Mexico D.F.

CONANP (Comisión Nacional de Áreas Naturales Protegidas), Fondo Mexicano para la Conservación de la Naturaleza, and The Nature Conservancy (2011c). *Programa de adaptación al cambio climático en áreas naturales protegidas del complejo de Sierra y Costa de Chiapas*. CONANP, México D.F.

Cortina, J., B. Amat, V. Castillo, D. Fuentes, F.T. Maestre, F.M. Padilla and L. Rojo (2011). 'The restoration of vegetation cover in the semi-arid Iberian southeast'. *Journal of Arid Environments* **75**: 1377–1384. [Online periodical accessed 25 June 2012] http://www.sciencedirect.com/science/article/pii/S0140196311002436

COSEWIC (2007). *COSEWIC Assessment and Update Status Report on the Sea Otter Enhydra Lutris in Canada*. Committee on the Status of Endangered Wildlife in Canada, Ottawa.

Craigie, I.D., J.E.M. Baillie, A. Balmford, C. Carbon, B. Collen, R. Green, and J.M. Hutton (2010). 'Large mammal population declines in Africa's protected areas'. *Biological Conservation* **143**: 2221–2228. DOI:10.1016/j.biocon.2010.06.007

Cromarty, P.L., K.G. Broome, A. Cox, R.A, Empson, W.M. Hutchinson and I. McFadden (2002). Eradication planning for invasive alien species on islands: the approach developed by the New Zealand Department of Conservation. In: *Turning the Tide: The Eradication of Invasive Species*. C.R. Veitch and M.N. Clout (eds.). IUCN Species Survival Commission Invasive Species Specialist Group, IUCN, Gland Switzerland and Cambridge UK.

CSIRO (2003). *The Cane Toad*. Commonwealth Scientific and Industrial Research Organisation (CSIRO), Australia. [Online article accessed 25 June 2012] http://www.csiro.au/proprietaryDocuments/CSE_ctfacts.pdf

Danielsen, F., M.M. Mendoza, A. Tagtag, P.A. Alviola, D.S. Balete, A.E. Jensen, M. Enghoff and M.K. Poulsen (2007). 'Increasing conservation management action by involving local people in natural resource monitoring'. *Ambio* **36** (5): 1–5.

Dawson, T.P., S.T. Jackson, J.I. House, I.C. Prentice and G.M. Mace (2011). 'Beyond predictions: biodiversity conservation in a changing climate'. *Science* **332**: 53–58.

de Britez, R. M. (2011). Personal communication, 4 April, 2011, Society for Research on Wildlife and Environmental Education, Brazil.

Degerman, E. and P. Nyberg (1989). *Effekter av sjökalkning på fiskbestånd i sjöar/Long-term Effects of Liming, on Fish Populations in Sweden*. Information Institute on Freshwater Research, Drottningholm.

Degerman, E., L. Henrikson, J. Herrmann and P. Nyberg (1995). The effects of liming on aquatic fauna. In: L. Henrikson and Y.W. Brodin (eds.) *Liming of Acidified Surface Waters: A Swedish Synthesis*. Springer-Verlag, Berlin, Heidelberg, New York.

Dibb, A.D. and M.S. Quinn (2006). 'Response of bighorn sheep to restoration of winter range'. *Biennial Symposium of the Northern Wild Sheep and Goat Council* **15**: 59–68.

Diemont, S. A. W., J. F. Martin, S. I. Levy-Tacher, R. B. Nigh, L. P. Ramirez and J. D. Golicher (2006). 'Lacandon Maya forest management: Restoration of soil fertility using native tree species'. *Ecological Engineering* **28**: 205–212.

Douglas, T. (2001). *Ecological Restoration Guidelines for British Columbia.* Biodiversity Branch, Ministry of Water, Land and Air Protection, Victoria B.C.

Douterlungne, D., S. I. Levy-Tacher, J. D. Golicher and F. Román (2010). 'Applying indigenous knowledge to the restoration of degraded tropical rain forest dominated by bracken'. *Restoration Ecology* **18**: 3.

Dregne, H.E. (1983). *Desertification of Arid Lands.* Harwood Academic, New York.

Dudley, N. (ed.) (2008). *Guidelines for Applying Protected Area Management Categories.* IUCN, Gland, Switzerland.

Dudley, N. and J. Parrish (2006). *Closing the Gap: Creating Ecologically Representative Protected Area Systems*. CBD Technical Series 24. Convention on Biological Diversity, Montreal.

Dudley, N. and M. Aldrich (2007). *Five Years of Implementing Forest Landscape Restoration: Lessons to Date.* WWF International, Gland, Switzerland.

Dudley, N., S. Stolton, A. Belokurov, L. Krueger, N. Lopoukhine, K. MacKinnon, T. Sandwith and N. Sekhran (eds.) (2010). *Natural Solutions: Protected Areas Helping People Cope with Climate Change.* IUCN WCPA, TNC, UNDP, WCS, The World Bank and WWF, Gland, Switzerland, Washington DC and New York.

Dyson, M., G. Bergkamp and J. Scanlon (2003). *Flow: The Essentials of Environmental Flows.* IUCN, Gland, Switzerland.

Edberg, F., P. Andersson, H. Borg, C. Ekström and E. Hörnström (2001). 'Reacidification effects on water chemistry and plankton in a limed lake in Sweden. *Water, Air, and Soil Pollution* **130** (1–4): 1763–1768. doi: 10.1023/A:1013964123524

Egan, D. and E.A. Howell (2001). *The Historical Ecology Handbook: A Restorationist's Guide to Reference Ecosystems.* Island Press, Washington DC.
Egan, D., E.E. Hjerpe and J. Abrams (2011). *Human Dimensions of Ecological Restoration: Integrating Science, Nature, and Culture.* Practice of Ecological Restoration Series. Island Press, Washington DC.

Elmqvist, T., C. Folke, M. Nyström, G. Peterson, J. Bengtsson, B. Walker and J. Norberg (2003). 'Response diversity, ecosystem change, and resilience'. *Frontiers in Ecology and the Environment* **1**: 488–494.

Emslie, R. H., R. Amin and R. Kock (2009). 'Guidelines for the in situ re-introduction and translocation of African and Asian Rhinoceros'. Occasional Paper of the IUCN Species Survival Commission No. 39. IUCN, Gland, Switzerland. [Online article accessed 25 June 2012] http://www.rhinoresourcecenter.com/pdf_files/123/1236876187.pdf

Ericsson, G and T.A. Heberlein (2003). 'Attitudes of hunters, locals, and the general public in Sweden now that the wolves are back'. *Biological Conservation* **111**: 149–159.

Ervin, J., N. Sekhran, A. Dinu, S. Gidda, M. Vergeichik and J. Mee (2010). *Protected Areas for the 21st Century: Lessons from UNDP/GEF's Portfolio.* United Nations Development Programme, New York, and Secretariat of Convention on Biological Diversity, Montreal.

Erwin, K. L. (Undated). *Little Pine Island Mitigation Bank Annual Monitoring Reports 1999–2012.* Kevin L. Erwin Consulting Ecologist, Inc., Florida, USA.

Estrella, M. and J. Gaventa (1998). *Who Counts Reality? Participatory Monitoring and Evaluation: a Literature Review.* IDS Working Paper 70. Institute of Development Studies, University of Sussex, Brighton, UK.

European Commission LIFE Programme (2008). *Gulf of Finland: Management of Wetlands along the Gulf of Finland Migratory Flyway.* Project LIFE03 NAT/FIN/000039. European Commission, Environment LIFE Programme. [Online report online accessed 25 June 2012] http://ec.europa.eu/environment/life/project/Projects/index.cfm?fuseaction=search.dspPage&n_proj_id=2459&docType=pdf

Ferretti, A.R. and R.M. de Britez (2006). 'Ecological restoration, carbon sequestration and biodiversity conservation: the experience of the Society for Wildlife Research and Environmental Education (SPVS) in the Atlantic Rain Forest of Southern Brazil'. *Journal for Nature Conservation* **14**: 249–259.

Fisher, R., S. Maginnis, W. Jackson, E. Barrow, and S. Jeanrenaud (2008). *Linking Conservation and Poverty Reduction: Landscapes, People, and Power.* Earthscan, London.

Fonseca, M.F., W.J. Kenworthy and G.W. Thayer (1998). *Guidelines for the Conservation and Restoration of Seagrasses in the United States and Adjacent Waters.* NOAA Coastal Ocean Program Decision Analyses Series No. 12. NOAA, Washington, DC. [Online report accessed 25 June 2012] www.seagrassrestorationnow.com/docs/Fonseca%20et%20al%201998.pdf

Forrest, S.C., H. Strand, W.H. Haskins, C. Freese, J. Proctor and E. Dinerstein (2004). *Ocean of Grass: A Conservation Assessment for the Northern Great Plains*. Northern Plains Conservation Network and Northern Great Plains Ecoregion, WWF-US, Bozeman, MT.

Friends of Duncan Down (Undated). *Duncan Down, Whitstable.* Leaflet produced by Friends of Duncan Down, Canternbury, Kent. [Leaflet accessed online 25 June 2012] http://www.canterbury.gov.uk/assets/countryside/duncandownwhitstable.pdf

Galatowitsch, S. M. (2009). 'Carbon offsets as ecological restorations' [Editorial Opinion]. *Restoration Ecology* **17** (5): 563–570.

Gann, G.D. and D. Lamb (eds.) (2006). *Ecological Restoration: A Means of Conserving Biodiversity and Sustaining Livelihoods.* Version 1.1. Society for Ecological Restoration International, Tucson, Arizona, USA and IUCN, Gland, Switzerland.

Getzner M., M.Jungmeier and S. Lange (2010). *People, Parks and Money—Stakeholder Participation and Regional Development: A Manual for Protected Areas.* Heyn Ver-lag, Klagenfurt.

Gilligan, B., N. Dudley, A.F. de Tejada and H. Toivonen (2005). *Management Effectiveness Evaluation of Finland's Protected Areas.* Nature Protection Publications of Metsähallitus, Series A 147, Vantaa, Finland.

Gilman, S.E., M.C. Urban, J. Tewksbury, G.W. Gilchrist, and R.D. Holt (2010). 'A framework for community interactions under climate change'. *Trends in Ecology and Evolution* **25**(6): 325–331.

Golumbia, T. (2012). Personal communication, 13 February, 2012, Gulf Islands National Park, Parks Canada.

González-Espinosa, M., J.A. Meave, F.G. Lorea-Hernández, G. Ibarra-Manríquez and A.C. Newton (eds.) (2011). *The Red List of Mexican Cloud Forest Trees.* Fauna & Flora International, Cambridge, UK.

Gorenflo, L. J., C. Corson, K. M. Chomitz, G. Harper, M. Honzak, B. Oezler (2011). 'Exploring the association between people and deforestation in Madagascar'. *Ecological Studies*, **214**: 197–221.

Government of Canada (2000). *Canada National Parks Act.* [Accessed online 17 June 2012] http://laws-lois.justice.gc.ca/eng/acts/N-14.01/

Government of South Australia (Undated). *Recovering Habitat: Woorinen in the Northern Murray Mallee.* South Australian Murray-Darling Basin Natural Resources Management Board. [Factsheet accessed online June 25 2012] www.samdbnrm.sa.gov.au/Portals/9/PDF%27s/Biodiversity/Woorinen%20Information%20sheet.pdf

Greening, H.S., L.M. Cross and E.T. Sherwood (2011). 'A multiscale approach to seagrass recovery in Tampa Bay, Florida'. *Ecological Restoration* **29** (1–2): 82–93. http://muse.jhu.edu/journals/ecological_restoration/summary/v029/29.1.greening.html

Grizzle, R.E, J.R. Adams, L.J. Walters (2002). 'Historical changes in intertidal oyster (*Crassostrea virginica*) reefs in a Florida lagoon potentially related to boating activities'. *Journal of Shellfish Research* **21**(2): 749–756.

Gugić, G. (2012). Personal communication, 25 April, 2012, Lonjsko Polje Nature Park Public Service, Croatia.

Gunther, O. (2004). *La forêt sèche de Nouvelle-Calédonie: Conservation et gestion durable, Institut agronomique néo-calédonien.* Pouembout, New Caledonia.

Habitat 141° (2010a). *Report and Recommendations of the Habitat 141 Governance Working Group to the Habitat 141 Alliance, December 2010.* [Report accessed online 25 June 2012] www.habitat141.org.au/wp-content/uploads/2011/03/habitat141-governance-report-recommendation-dec-2010.pdf

Habitat 141° (2010b). *Ocean to Outback Bulletin, December 2010.* [Bulletin accessed online 25 June 2012] http://www.habitat141.org.au/wp-content/uploads/2011/03/habitat141-bulletin-december-2010.pdf

Haig, S.M., D.W. Mehlman and W.O. Lewis (1998). 'Avian movements and wetland connectivity in landscape conservation'. *Conservation Biology* **12** (4): 749–758.

Halpern, B.S., S. Walbridge, K.A. Selkoe, C.V. Kappel, F. Micheli, C. D'Agrosa, J.F. Bruno, K.S. Casey, C. Ebert, H.E. Fox, R. Fujita, D. Heinemann, H.S. Lenihan, E.M.P. Madin, M.T. Perry, E.R. Selig, M. Spaldin, R. Steneck and R. Watson (2008). 'A global map of human impact on marine ecosystems'. *Science* **319**: 948–952.

Hamerlynck, O. and S. Duvail (2003). *The Rehabilitation of the Delta of the Senegal River in Mauritania: Fielding the Ecosystem Approach.* IUCN, Gland, Switzerland and Cambridge, UK.

Hamerlynck, O. and S. Duvail (2008). Ecosystem restoration and livelihoods in the Senegal River Delta, Mauritania. In: R. J. Fisher, S. Maginnis, W. J. Jackson, E. Barrow and S. Jeanrenaud (eds.). *Linking Conservation and Poverty Reduction: Landscapes, People and Power.* Earthscan, London.

Harmsworth, G. (2002). *Coordinated Monitoring of New Zealand Wetlands, Phase 2, Goal 2: Maori Environmental Performance Indicators for Wetland Condition and Trend.* Landcare Research, Palmerstone North, New Zealand.

Hebert, C.E., J. Duffe, D.V.C. Weseloh, E.M. Senese, and G. D. Haffner (2005). 'Unique island habitats may be threatened by double-crested cormorants'. *Journal of Wildlife Management* 69: 68–76.

Henriksen, A., J. Kamari, M. Posch and A. Wilander (1992). 'Critical loads of acidity: Nordic surface waters'. *Ambio* 21: 356–363.

Henrikson, L. and Y.W. Brodin (eds.) (1995). *Liming of Acidified Surface waters: A Swedish Synthesis.* Springer-Verlag, Berlin, Heidelberg, New York.

Heo, H.-Y. (2011). Personal communication, 5 October and 7 August, 2011, IUCN Asia and Korea National Park Service.

Herrick, J. E., V.C. Lessard, K.E. Spaeth, P.L. Shaver, R.S. Dayton, D.A. Pyke, L.J. and J. J. Goebel (2010). 'National ecosystem assessments supported by scientific and local knowledge'. *Frontiers in Ecology and the Environment* 8: 403–408.

Hesselink, F., W. Goldstein, P.P. van Kempen, T. Garnett and J. Dela (2007). *Communication, Education and Public Awareness (CEPA): A Toolkit for National Focal Points and NBSAP Coordinators.* Secretariat of the Convention on Biological Diversity and IUCN, Montreal. [Online report accessed 25 June 2012] http://data.iucn.org/dbtw-wpd/edocs/2007-059.pdf

Higgs, E.S, and R.J. Hobbs (2010). Wild design: principles to guide interventions in protected areas. In: D.N. Cole and L. Yung (eds.). *Beyond Naturalness: Rethinking Parks and Wilderness Stewardship in an Era of Rapid Change.* Island Press, Washington, DC.

Higgs, E.S. and W.M. Roush (2011). 'Restoring remote ecosystems' *Restoration Ecology* 19 (5): 553–558.

Hill, C., S, Lillywhite and M. Simon (2010). *Guide to Free and Prior Informed Consent.* Oxfam, Australia.

Hobbs, R.J (2007). 'Setting effective and realistic restoration goals: key directions for research'. *Restoration Ecology* 15: 354–357.

Hobbs, R.J., and J.A. Harris (2001). 'Restoration ecology: repairing the Earth's ecosystems in the new millennium'. *Restoration Ecology* 9: 239–246.

Hobbs , R.J., and D.A. Norton (1996). 'Towards a conceptual framework for restoration ecology'. *Restoration Ecology* 4: 93–110.

Hobbs, R.J. and K.N. Suding (eds.) (2009). *New Models of Ecosystem Dynamics and Restoration.* Island Press, Washington DC.

Hobbs, R.J., E. Higgs and J.A. Harris (2009). 'Novel ecosystems: implications for conservation and restoration'. *Trends in Ecology and Evolution* 24: 599–605.

Hobbs, R.J., D.N. Cole, L. Yung, E.S. Zavaleta, G.A. Aplet, F.S. Chapin III, P.B. Landres, D.J. Parsons, N.L. Stephenson, P.S. White, D.M. Graber, E.S. Higgs, C.I. Millar, J.M. Randall, K.A. Tonnessen and S. Woodley (2010). 'Guiding concepts for park and wilderness stewardship in an era of global environmental change'. *Frontiers in Ecology and the Environment* 8: 483–490.

Hobbs, R.J., L.M. Hallett, P.R. Ehrlich, and H.A. Mooney (2011). 'Intervention ecology: applying ecological science in the twenty-first century'. *BioScience* 61: 442–450.

Hockings, M., S. Stolton, F. Leverington, N. Dudley and J. Courrau (2006). *Evaluating Effectiveness: A Framework for Assessing Management Effectiveness of Protected Areas.* 2nd Edition, IUCN, Gland, Switzerland.

Hockings, M., R. James, S. Stolton, N. Dudley, V. Mathur, J. Makombo, J., Courrau and J.D. Parrish (2008). *Enhancing our Heritage Toolkit: Assessing Management Effectiveness of Natural World Heritage Sites.* World Heritage Papers 23. UNESCO, UN Foundation and IUCN, Paris.

Holl, K.D. and T.M. Aide (2011). 'When and where to actively restore ecosystems?' *Forest Ecology and Management* 261(10): 1558–1563. [Accessed online 25 June 2012] http://tcel.uprrp.edu/Publications_files/Holl%26Aide2010.pdf

Hong, P.N. (1996). Restoration of mangrove ecosystems in Vietnam: a case study of Can Gio District, Ho Chi Minh City. In: C. Field (ed.) *Restoration of Mangrove Ecosystems.* International Society for Mangrove Ecosystems and International Tropical Timber Organization (ITTO), Okinawa, Japan. pp. 76–79.

Howald, G., C.J. Donlan, J.P. Galván, J.C. Russell, J. Parkes, A. Samaniego, Y. Wang, D. Veitch, P. Genovesi, M. Pascal, A. Saunders and B. Tershy (2007). 'Invasive rodent eradication on islands'. *Conservation Biology* 21 (5): 1258–1268.

Hughes, F.M.R., W.A. Adams and P.A. Stroh (2012). 'When is open-endedness desirable in restoration projects?'. *Restoration Ecology* 20 (3): 291–295.

Hunter, M.L. (2007). 'Climate change and moving species: furthering the debate on assisted colonization'. *Conservation Biology* 21 (5): 1356–1358.

Huntington, H.P. (2000). 'Using traditional ecological knowledge in science: methods and applications'. *Ecological Applications* 10 (5): 1270–1274.

Hyvärinen, E., J. Kouki and P. Martikainen (2006). 'Fire and green-tree retention in conservation of red-Listed and rare deadwood-dependent beetles in Finnish boreal forests'. *Conservation Biology* 20: 1710–1719.

ITTO (2002). *ITTO Guidelines for the Restoration, Management and Rehabilitation of Degraded and Secondary Tropical Forests.* ITTO Policy Development Series No 13. International Tropical Timber Organization in collaboration with CIFOR, FAO, IUCN, WWF International.

IUCN (1998). *Guidelines for Re-Introductions.* Prepared by the IUCN/SSC Re-introduction Specialist Group, IUCN, Gland, Switzerland and Cambridge, UK.

IUCN and KNPS (2009). *Korea's Protected Areas: Evaluating the Effectiveness of Korea's Protected Areas System.* IUCN, Gland, Switzerland and Korea National Park Service, Ministry of Environment and Island of Jeju, Seoul.

IUCN WCPA (2010). *Putting Plans to Work: IUCN's Commitments to Protected Areas.* IUCN, Gland, Switzerland.

Jackson, W.J. and A.W. Ingles (1998). *Participatory Techniques for Community Forestry.* IUCN, Gland, Switzerland.

Janzen, *D.H.* (2000). 'Costa Rica's Area de Conservación Guanacaste: a long march to survival through non-damaging biodevelopment'. *Biodiversity* **1**(2): 7–20.

Jeong, D. H., D. H. Yang and B. K. Lee (2010). Re-introduction of the Asiatic black bear into Jirisan National Park, Korea. In: P.S. Soorae (ed.) *Global Re-introduction Perspectives: Additional Case Studies from around the Globe.* IUCN/SSC Re-introduction Specialist Group (RSG), Abu Dhabi, UAE. pp. 254–258.

Kakouros, P. (2009). Landscape conservation actions on Mount Athos. In: *The Sacred Dimensions of Protected Areas.* T. Papayannis and J.M. Mallarach (eds.). IUCN and MED-Ina, Gland, Switzerland and Athens.

Keto, A. and K. Scott (2009). *Springbrook Rescue Restoration Project - Performance Story Report 2008-2009.* Australian Rainforest Conservation Society Inc. [Online report accessed June 26 2012] http://www.rainforest.org.au/RN42_intro.htm

Kiener, H. (1997). *Windfall and Insects Providing the Impetus and Momentum for Natural Succession in Mountain Forest Ecosystems.* Bayerischer Wald National Park, Germany.

Kiener, H. (2011). Personal communication, 27 March, 2011, Department of Conservation, Bayerischer National Park, Germany.

King, E. and R. Hobbs (2006). 'Identifying linkages among conceptual models of ecosystem degradation and restoration: towards an integrative framework'. *Restoration Ecology* **14**(3): 69–378.

Koch, P. (2009). *Workshop Report: Conservation at Large Scales - Ecological Research Workshop to Inform Habitat 141 Planning.* 17 February 2009. Greening Australia and The Wilderness Society. [Online report accessed 26 June 2012] www.habitat141.org.au/wp-content/uploads/2011/03/habitat141-science-workshop-report-final.pdf

Laffoley, D. and G. Grimsditch (eds) (2009). *The Management of Natural Coastal Carbon Sinks.* IUCN, Gland, Switzerland.

Lamb, D. (2011). *Regreening the Bare Hills: Tropical Forest Restoration in the Asia-Pacific Region.* Springer, Dordrecht, Heidelberg, London, New York.

Lamb, D. (2012). Personal communication, 22 January, 2012, University of Queensland, Australia, and IUCN Commission on Ecosystem Management.

Laurance, W. F. (2009). 'Conserving the hottest of the hotspots'. *Biological Conservation* **142**: 1137.

Lawler, A. (2005). 'Reviving Iraq's Wetlands'. *Science* **307** (5713): 1186–1189.

Lee, B. (2009). 'Restoration of Asiatic black bears through reintroductions on Mt. Jiri, Korea'. *International Bear News* **18**: 8–10.

Lee, C.S., H.J. Cho and H. Yi (1994). 'Stand dynamics of introduced black locust (*Robinia pseudoacacia* L.) plantation under different disturbance regimes in Korea'. *Forest Ecology and Management* **189**: 281–293.

Lehman, S. M., J Ratsimbazafy, A. Rajaonson and S. Day (2006). 'Ecological correlates to lemur community structure in Southeast Madagascar'. *International Journal of Primatology* **27**: 1023–1040.

Leitão, F. H. M., M. C. M. Marques and E. Ceccon (2010). 'Young restored forests increase seedling recruitment in abandoned pastures in the Southern Atlantic rainforest'. *Revista de Biologia Tropical* **58**: 1271–1282.

Levy-Tacher, S. I. (2000). *Sucesión causada por roza-tumba-quema en las selvas de Lacanhá, Chiapas.* Thesis, Colegio de Posgraduados, Montecillo, Texcoco, México.

Levy-Tacher, S I. (2011). Personal communications, 28 February, 10 March, 3 October, and 21 October, 2011, El Colegio de la Frontera Sur, Mexico.

Levy-Tacher, S. I. and J. D. Golicher (2004). 'How predictive is Traditional Ecological Knowledge? The case of the Lacandon Maya fallow enrichment system'. *Interciencia* **29**: 496–503.

Levy-Tacher, S. I. and J. R. R. Aguirre (2005). 'Successional pathways derived from different vegetation use patterns by Lacandon Mayan Indians'. *Journal of Sustainable Agriculture* **26**: 49–82.

Levy-Tacher, S. I., J. R. R. Aguirre, M. A. Romero and F. Durán (2002). 'Caracterización del uso tradicional de la flora espontánea en la comunidad lacandona de Lacanhá Chansayab, Chiapas, México'. *Interciencia* **27**(10). [Online article accessed 26 June 2012] http://www.scielo.org.ve/scielo.php?pid=S0378-18442002001000002&script=sci_arttext

Levy-Tacher, S. I., J. R. R. Aguirre, J. D. García and M. M. Martínez (2006). 'Aspectos florísticos de Lacanhá Chansayab, *Selva lacandona*, Chiapas'. *Acta Botánica Mexicana* **77**: 69–98.

Levy-Tacher, S .I., J. Román Dañobeytia, D. Douterlungne, J. R. R. Aguirre , S. T. Pérez Chirinos, J. Zúñiga Morales, J. A. Cruz López, F. Esquinca Cano and A. Sánchez González (2011). 'Conocimiento ecológico tradicional maya y rehabilitación de selvas'. En CONABIO e IDESMAC (Editores), *La Biodiversidad en Chiapas*, **6**: 374–383.

Lewis, R.R. (Undated). West Lake Park, Broward County, Florida, Project Profile. Lewis Environmental Services Inc., Salt Springs, Florida. [Online report accessed June 26 2012] http://www.mangroverestoration.com/West_Lake_Project_Profile_1.pdf

Lewis, R.R. (2005). 'Ecological engineering for successful management and restoration of mangrove forests'. *Ecological Engineering* **24**: 403–418. [Online article accessed 26 June 2012] http://www.mangroverestoration.com/Ecol_Eng_Mangrove_Rest_Lewis_2005.pdf

Lewis, R.R. (2011). 'How successful mangrove forest restoration informs the process of successful general wetlands restoration'. *National Wetlands Newsletter* **33**(4): 23–25. [Online newsletter accessed 26 June 2012] http://www.mangroverestoration.com/pdfs/Lewis%202011%20NWN.pdf

Lewis, R.R., P. Clark, W.K. Fehring, H.S. Greening, R. Johansson and R.T. Paul (1998). 'The rehabilitation of the Tampa Bay estuary, Florida, USA: an example of successful integrated coastal management'. *Marine Pollution Bulletin* **37** (8–12): 468–473. [Online article accessed 26 June 2012] http://www.seagrassrestorationnow.com/docs/Lewis%20et%20al.%201998%20Marine%20Pollution%20Bulletin-10.pdf

Maestre, F.T., J.L. Quero, N.J. Gotelli et al. (2012). 'Plant species richness and ecosystem multifunctionality in global drylands'. *Science* **335** (6065): 214–218.

Mallarach, J.M. and L.M. Torcal (2009). Initiatives taken by the Cistercian Monastery of Poblet to improve the integration of spiritual, cultural and environmental values. In: T. Papayannis and J.M. Mallarach (eds.). *The Sacred Dimension of Protected Areas: Proceedings of the Second Workshop of the Delos Initiative – Ouranoupolis 2007*. IUCN, Gland, Switzerland. pp. 161–171.

Margoluis, R., C. Stem, N. Salafsky and M. Brown (2009). 'Using conceptual models as a planning and evaluation tool in conservation'. *Evaluation and Program Planning* **32**: 138–147.

Matthiesen, P. (2001). *The Birds of Heaven: Travels with Cranes*. North Point Press, New York.

MEA (2005). *Ecosystems and Human Well-being: General Synthesis*. Island Press, Washington DC. [Online report accessed 26 June 2012] http://www.maweb.org/en/Synthesis.aspx

Meretsky, V.J., R.L. Fischman, J.R. Karr, D.M. Ashe, J.M. Scott, R.F. Noss and R.L. Schroeder (2006). 'New directions in conservation for the National Wildlife Refuge system'. *BioScience* **56**: 135–143.

Metzger, J.P. (2009). 'Conservation issues in the Brazilian Atlantic forest'. *Biological Conservation* **142**: 1138–1140.

Miles, I., W.C. Sullivan and F.E. Kuo (1998). 'Ecological restoration volunteers: the benefits of participation'. *Urban Ecosystems* **2**: 27–41.

Miles, L. (2010). *Implications of the REDD Negotiations for Forest Restoration*. Volume 2. UNEP World Conservation Monitoring Centre, Cambridge, UK.

Mills, A.J., J.N. Blignaut, R.M. Cowling, A. Knipe, C. Marais, S. Marais, S.M. Pierce, M.J. Powell, A.M. Sigwela and A. Skowno (2010). *Investing in Sustainability: Restoring Degraded Thicket, Creating Jobs, Capturing Carbon and Earning Green Credit*. Climate Action Partnership, Cape Town and Wilderness Foundation, Port Elizabeth.

MMLAP (2009). *Mallee Update*. The Murray Mallee Local Action Planning Association Inc. Volume 10, Issue 4, Autumn 2009. [Online newletter accessed 26 June 2012] http://www.malleefutures.org.au/files/update4.pdf

Moulaye Zeine, S.A. (2004). *Evaluation de l'impact économique du Parc National du Diawling*. UICN PND DGIS, Nouakchott, Mauritania.

Muise, Sean (2010). *Yahgudang dlljuu: A Respectful Act – Restoring the Land and Honouring the History of Tllga Kun Gwaayaay–Athlii Gwaii (Lyell Island)*. Riparian Forest Assessment and Stand Structure Restoration for Identified Creeks. BC Ministry of Forests, Lands & Natural Resource Operations, Vancouver. 14 pp.

Murali, K.S. (2006). 'Microfinance, social capital and natural resource management systems: conceptual issues and empirical evidences'. *International Journal of Agricultural Resources Governance and Ecology* **5** (4): 327–337.

Murphy, S.D., J. Flanagan, K. Noll, D. Wilson, and B. Duncan (2007). 'Implications for delaying invasive species management in ecological restoration.' *Ecological Restoration* **25**: 85-93.

NAWPA (2012). *North American Protected Areas as Natural Solutions for Climate Change*. North American Intergovernmental Committee on Cooperation for Wilderness and Protected Area Conservation. 36 pp. In press. http://www.wild.org/where-we-work/north-american-wilderness-collaborative/

Nellemann, C. and E. Corcoran (eds.) (2010). *Dead Planet, Living Planet: Biodiversity and Ecosystem Restoration for Sustainable Development*. A Rapid Response Assessment. United Nations Environment Programme, GRID-Arendal. [Online report accessed 26 June 2012] http://www.grida.no/publications/rr/dead-planet/

Nellemann, C., E. Corcoran, C.M. Duarte, L. Valdés, C. De Young, L. Fonseca and G. Grimsditch (eds.) (2009). *Blue Carbon: The Role of Healthy Oceans in Binding Carbon*. A Rapid Response Assessment. United Nations Environment Programme, GRID-Arendal. [Online report accessed 26 June 2012] http://www.grida.no/publications/rr/blue-carbon

Neßhöver, C., J. Aronson, J.N. Blignaut, D. Lehr, A. Vakrou and H. Wittmer (2011). Investing in ecological infrastructure. In: *The Economics of Ecosystems and Biodiversity in National and International Policy Making*. P. ten Brink (ed.). Earthscan, London, and Washington DC. pp 401–448.

Newton, A.C., J. Gow, A. Robertson, G. Williams-Linera, N. Ramírez-Marcial, M. González-Espinosa, T.R. Allnutt and R. Ennos (2008). 'Genetic variation in two rare endemic Mexican trees *Magnolia sharpii* and *Magnolia schiedeana*'. *Silvae Genetica* **57**: 348–356.

Ogden, J.C., S.M. Davis, K.J. Jacobs, T. Barnes, and H.E. Fling (2005). 'The use of conceptual ecological models to guide restoration in South Florida'. *Wetlands* **25**: 795–809.

Omar, S.A.S., N.R Bhat, T. Madouh, and H.A. Rizq (1999). Rehabilitation of war-damaged areas of the national park of Kuwait. In *International Conference on the Development of Drylands: Cairo 22–27 August 1999*, ICARDA, Aleppo. pp. 300–304.

Paling, E.I., M. Fonseca, M. van Katwijk and M. van Keulen (2009). Seagrass restoration. In G.M.E. Perillo, E. Wolanski, D.R. Cahoon and M.M. Brinson (eds.). *Coastal Wetlands: An Integrated Ecosystem Approach*. Elsevier, The Netherlands, and Oxford, UK. pp. 687–714.

Parkes, J. and E. Murphy (2003). 'Management of introduced mammals in New Zealand'. *New Zealand Journal of Zoology* **30**: 335–359.

Parks Canada (2002). *Grasslands National Park of Canada Management Plan*. Parks Canada, Gatineau, Quebec.

Parks Canada (2008a). 'Smoky Fire ceremony builds relationship with Mohawks: traditional ceremony is landmark event for Parks Canada'. *The Pitch Pine Post*, Spring 2008. [Online newspaper accessed 26 June 2012] http://www.pc.gc.ca/eng/pn-np/on/lawren/ne/edp-ppp.aspx

Parks Canada (2008b). *Point Pelee National Park of Canada: Middle Island Conservation Plan*. Parks Canada, Gatineau, Quebec. [Online report accessed 26 June 2012] http://www.pc.gc.ca/pn-np/on/pelee/plan/plan1.aspx

Parks Canada (2011a). *Restoration Case Studies: Aquatic Ecosystem Restoration (La Mauricie National Park)*. [Website accessed 26 June 2012] http://www.pc.gc.ca/eng/progs/np-pn/re-er/ec-cs/ec-cs02.aspx

Parks Canada (2011b). *Restoration Case Studies: Restoration of Salmon to Lyall Creek (Gulf Islands National Park Reserve)*. [Website accessed 26 June 2012] http://www.pc.gc.ca/eng/progs/np-pn/re-er/ec-cs/ec-cs04.aspx

Parks Canada (2011c). *Restoration Case Studies: Restoration of Pink Lake (Gatineau Park)*. [Website accessed 26 June 2012] http://www.pc.gc.ca/eng/progs/np-pn/re-er/ec-cs/ec-cs03.aspx

Parks Canada (2011d). *Restoration Case Studies: Grasslands Ecosystem Restoration (Grasslands National Park)*. [Website accessed 26 June 2012] http://www.pc.gc.ca/eng/progs/np-pn/re-er/ec-cs/ec-cs01.aspx

Parks Canada (2011e). *Yahgudang diljuu: A Respectful Act*. [Online factsheet accessed 26 June 2012] www.pc.gc.ca/pn-np/bc/gwaiihaanas/~/media/pn-np/bc/gwaiihaanas/pdfs/20110608.ashx

Parks Canada (2012a). *Restoration Sites: Prescribed Burning Information Point Pelee National Park*. [Online media release accessed 26 June 2012] http://friendsofpointpelee.com/ecom.asp?pg=events&specific=1140 and also see *Point Pelee's Habitat Restoration Site* [website accessed 26 June 2012] http://www.pc.gc.ca/eng/pn-np/on/pelee/ne/ne7.aspx

Parks Canada (2012b). *Parks Canada Conservation Results in Canada's Mountain National Parks*. [Website accessed 26 June 2012] http://www.pc.gc.ca/pn-np/mtn/conservation.aspx

Parks Canada and the Canadian Parks Council (2008). *Principles and Guidelines for Ecological Restoration in Canada's Protected Natural Areas*. Compiled by National Parks Directorate, Parks Canada Agency, Gatineau, Quebec, on behalf of the Canadian Parks Council. [Online report accessed 26 June 2012] http://www.pc.gc.ca/eng/progs/np-pn/re-er/pag-pel.aspx

Parks Victoria (undated). *Levels of Protection Framework for Natural Values Management*. Parks Victoria, Victoria, Australia.

Pascoe, N W. (2011). Personal communication, 17 March, 2011, BVI National Parks Trust, British Virgin Islands

Pathak, N. (ed.) (2009). *Chakrashila Wildlife Sanctuary Dhubri*. [Online report accessed 26 June 2012] http://www.kalpavriksh.org/images/CCA/Directory/Assam_CaseStudy_ChakrashilaWildlifeSanctuaryDhubri.pdf

Payendee, J.R. (2003). Restoration projects in Rodrigues carried out by the Mauritanian Wildlife Foundation. In: J.R. Mauremootoo (ed.). *Proceedings of the Regional Workshop on Invasive Alien Species and Terrestrial Ecosystem Rehabilitation for Western Indian Ocean Island States: Identifying Priorities and Defining Joint Action.* 13-17 October 2003, Seychelles. Indian Ocean Commission, Quatre Bornes, Mauritius. pp. 95–98.

Philippou, I. and K. Kontos (2009). The protected area of the peninsula of the Athos Holy Mountain, Halkidiki, Greece. In: T. Papayannis and J.M. Mallarach (eds.). *The Sacred Dimension of Protected Areas: Proceedings of the Second Workshop of the Delos Initiative – Ouranoupolis 2007.* IUCN, Gland, Switzerland. pp. 107–126.

Poff, N.L., J.D. Allan, M.B. Bain, J.R. Karr, K.L. Prestegaard, B.D. Richter, R.E. Sparks and J.C. Stromberg (1997). 'The natural flow regime'. *BioScience* **47** (11): 769–784.

Pollini, J. (2009). 'Carbon sequestration for linking conservation and rural development in Madagascar: the case of the Vohidrazana-Mantadia Corridor Restoration and Conservation Carbon Project'. *Journal of Sustainable Forestry* **28**: 322–342.

Posey, D.A., G. Dutfield and K. Plenderleith (1995). 'Collaborative research and intellectual property rights'. *Biodiversity and Conservation* **4**: 892–902.

Powell, M. (2010 and 2011). Personal communication, personal interview 16 November, 2010 and emails 28 March, 1, 4 and 6 April, 2011, Rhodes Restoration Research Group, South Africa.

Powell, M., J. Vlok, J. Raath and K. Cassidy (2010). *Subtropical Thicket Restoration Programme (STRP) Greater Addo Elephant National Park: Spatial Restoration Plan, Darlington Dam Section.* Prepared for the Gamtoos Irrigation Board, Implementers of the Working for Woodlands Programme, on behalf of the Department of Water Affairs, South Africa, August 2010.

Preston, B.L. and R.N. Jones (2006). *Climate Change Impacts on Australia and the Benefits of Early Action to Reduce Global Greenhouse Gas Emissions.* A consultancy report for the Australian Business Roundtable on Climate Change. Commonwealth Scientific and Industrial Research Organisation, Australia.

Ramirez, A., G.R. Lopez, R. Walkerth and C.A. Rios (2008). *Implementación del subprograma manejo de vida silvestre en áreas del sistema de parques nacionales línea base SFF Otún-Quimbaya.* Parques Nacionales Naturales de Colombia.

Ramírez-Marcial, N., A. Camacho-Cruz, M. Martínez-Icó, A. Luna-Gómez, D. Golicher and M. González-Espinosa (2010). *Arboles y Arbustos de los Bosques de Montaña en Chiapas.* El Colegio de la Frontera Sur (ECOSUR), San Cristóbal de Las Casas, Mexico.

Ramsar Convention on Wetlands (2003). *Principles and Guidelines for Wetland Restoration.* Resolution VIII, 16.

Ramsar Secretariat, Ramsar Scientific & Technical Review Panel and Biodiversity Convention Secretariat (2007). *Water, Wetlands, Biodiversity and Climate Change.* Report on outcomes of an expert meeting, 23–24 March 2007, Gland, Switzerland.

Reed, M.S., A.C. Evely, G. Cundill, I. Fazey, J. Glass, A. Laing, J. Newig, B. Parrish, C. Prell, C. Raymond and L.C. Stringer (2010). 'What is social learning?' *Ecology and Society* **15** (4): 477–489. [Online article accessed 27 June 2012] http://www.ecologyandsociety.org/vol15/iss4/resp1/

Richardson, C.J. and N.A. Hussain (2006). 'Restoring the Garden of Eden: An ecological assessment of the Marshes of Iraq'. *BioScience* **56** (6): 477–489.

Ricketts, T.H., G.C. Daily, P.R. Erlich and C.D. Michener (2004). 'Economic value of tropical forests to coffee production'. *Proceedings of the National Academy of Sciences* **101** (34): 12579–12582.

Rietbergen-McCracken, J., S. Maginnis, S and A. Sarre (2007). *The Forest Landscape Restoration Handbook.* Earthscan, London.

Rodrigues, R.R., R.A.F. Lima, S. Gandolfi and A.G. Nave (2009). 'On the restoration of high diversity forests: 30 years of experience in the Brazilian Atlantic Forest'. *Biological Conservation* **142**: 1242–1251.

Rodriguez, J., K.M. Rodriguez-Clark, J.E.M. Baillie, N. Ash, J. Benson, T. Boucher, C. Brown, N.D. Burgess, B. Collen, M. Jennings, D.A.Keith, E. Nicholson, C. Revenga, B. Reyers, M. Rouget, T. Smith, M. Spalding, A. Taber, M. Wallpole, I. Zager, and T. Zamin (2010). 'Establishing IUCN Red List criteria for threatened ecosystems'. *Conservation Biology* **25** (1): 21–29.

Roelens J.B., D. Vallauri, A. Razafimahatratra, G. Rambeloarisoa and F. L. Razafy (2010). *Restauration des paysages forestiers. Cinq ans de réalisations à Fandriana-Marolambo (Madagascar).* WWF, Madagascar.

Rolston, H. III (1995). Duties to endangered species. In: R. Elliot (ed.) *Environmental Ethics.* Oxford University Press, Oxford. pp. 60–75.

Román Dañobeytia, F.J., S.I. Levy-Tacher, R. Perales, M.N. Ramírez, D. Douterlungne and M.S. López (2007). 'Establecimiento de seis especies arbóreas nativas en un pastizal degradado en la selva lacandona, Chiapas, México'. *Ecología Aplicada* **6**: 1–8.

Román Dañobeytia, F.J., S.I. Levy-Tacher, J. Aronson, R. Ribeiro and Castellanos-Albores (2012). 'Testing the performance of fourteen native tropical tree species in two abandoned pastures of the Lacandon rainforest region of Chiapas, Mexico'. *Restoration Ecology* **20**: 378–386.

Rose, F. and P.W. James (1974). 'Regional studies of the British flora: 1 The corticolous and lignicolous species of the New Forest, Hampshire'. *The Lichenologist* **6**: 1–72.

Ruiz-Montoya, L., V. Correa-Vera, F.C. Alfaro-González, N. Ramírez-Marcial and R. Verónica-Vallejo (2011). 'Diversidad genética de *Oreopanax xalapensis* (Araliaceae) en Los Altos de Chiapas'. *Boletín de la Sociedad Botánica de México* **88**: 15–25.

Salih, A, B Böer and P Dogsé (2008). Wadi Hanifa: Looking Ahead – UNESCO Mission to Wadi Hanifa Focussing on Water, Ecosystems and Outdoor Recreation in the Ar Riyadh Capital Region. UNESCO, Doha Office and SC/EES. [Online report accessed 27 June 2012] http://www.unesco.org/new/uploads/media/Saudi_Arabia_Wadi_Hanifa_Report_2008_final_version.pdf

Samson, M.S. and R.N. Rollon (2008). 'Growth performance of planted red mangroves in the Philippines: revisiting forest management strategies'. *Ambio* **37**(4): 234–240. [Online article accessed 27 June 2012] www.mangroverestoration.com/pdfs/SamsonRollon2008.pdf

Sanderson, E.W., M. Jaiteh, M.A. Levy, K.H. Redford, A.V. Wannebo and G. Woolmer (2002). 'The human footprint and the last of the wild'. *Bioscience* **52**: 891–904.

SCBD (2004). *Akwé: Kon Guidelines*. CBD Secretariat, Montréal. [Online report accessed 27 June 2012] www.cbd.int/doc/publications/akwe-brochure-en.pdf

SCBD (2010a). *Global Biodiversity Outlook 3*. CBD Secretariat, Montreal.

SCBD (2010b). *Strategic Plan for Biodiversity 2011–2020 and the Aichi Target: Living in Harmony with Nature*. CBD Secretariat, Montreal.

SCBD (2011). *Ways and Means to Support Ecosystem Restoration*. Note by the Executive Secretary– Subsidiary Body on Scientific, Technical and Technological Advice, Fifteenth meeting Montreal, 7–11 November 2011. [Online report accessed 27 June 2012] http://www.cbd.int/doc/?meeting=SBSTTA-15

Scharmer, O (2009). *Theory U: Leading from the Future as It Emerges*. Berrett-Koehler, California.

Schneider, E. (2005). 'Restoration education: integrating education within native plant restoration'. *Clearing* **118** (Winter): 28–31.

Schreiber, E.S., A.R. Bearlin, S.J. Nicol and C.R. Todd (2004). 'Adaptive management: a synthesis of current understanding and effective application'. *Ecological Management and Restoration* **5** (3): 177–182.

Seabrook, L., C.A. Mcalpine and M.E. Bowen (2011). 'Restore, repair or reinvent: options for sustainable landscapes in a changing climate'. *Landscape and Urban Planning* **100**: 407–410.

SER (2004). *The SER International Primer on Ecological Restoration*. Version 2. Society for Ecological Restoration International Science and Policy Working Group. [Online report accessed 27 June 2012] www.ser.org/pdf/primer3.pdf

SER (2008). *Opportunities for Integrating Ecological Restoration and Biological Conservation within the Ecosystem Approach*. Briefing Note. Society for Ecological Restoration. [Online report accessed 27 June 2012] www.ser.org/pdf/SER_Briefing_Note_May_2008.pdf

SER (2010). *International Primer on Ecological Restoration: Note by the Executive Secretary*. Information note submitted to the Secretariat of the Conference on Biodiversity, Subsidiary Body on Scientific, Technical and Technological Advice, Fourteenth meeting, Nairobi, 10-21 May 2010, Item 3.4 of the provisional agenda. [Online report accessed 27 June 2012] www.cbd.int/doc/meetings/sbstta/sbstta-14/information/sbstta-14-inf-15-en.pdf

SER (2011). *Society for Ecological Restoration Strategic Plan (2012–2016)*. [Online report accessed 27 June 2012] http://www.ser.org/pdf/2012-2016_SER_Strategic_Plan.pdf

Shine, C., J.K. Reaser and A.T. Gutierrez. (eds.) (2002). *Prevention and Management of Invasive Alien Species: Proceedings of a Workshop on Forging Cooperation throughout the Austral-Pacific*. 15-17 October 2002, Honolulu, Hawai'i. Global Invasive Species Programme, Cape Town, South Africa. [Online proceedings accessed 27 June 2012] http://www.sprep.org/att/IRC/eCOPIES/Pacific_Region/77.pdf

Simenstad, C., M. Logsdon, K. Fresh, H. Shipman, M. Dethier and J. Newton (2006). *Conceptual Model for Assessing Restoration of Puget Sound Nearshore Ecosystems*. Puget Sound Nearshore Partnership Report No. 2006-03. Washington Sea Grant Program, University of Washington, Seattle, Washington. [Online report accessed 27 June 2012] http://www.pugetsoundnearshore.org/technical_reports.html

Sinkins, P. (2012). Personal communication, 7 February, 2012, Riding Mountain National Park, Parks Canada.

Somerset Biodiversity Partnership (2008). *Wild Somerset: The Somerset Biodiversity Strategy 2008–2018*. Somerset Biodiversity Partnership, Somerset, UK. [Online report accessed 27 June 2012] http://www.somerset.gov.uk/irj/go/km/docs/CouncilDocuments/SCC/Documents/Environment/Countryside%20and%20Coast/Somerset_biodiversity_strategy_final%20version.pdf

Sommerwerk, N., J. Bloesch, M. Paunović, C. Baumgartner, M. Venohr, M. Schneider-Jacoby, T. Hein and K. Tockner (2010). 'Managing the world's most international river: the Danube River Basin'. *Marine and Freshwater Research* **61**(7): 736–748.

Sorenson, L.G. (2008). *Participatory Planning Workshop for the Restoration of Ashton Lagoon: Workshop Proceedings and Final Report.* The Society for the Conservation and Study of Caribbean Birds (SCSCB), The Sustainable Grenadines Project (SGP), Clifton, Union Island, St. Vincent and the Grenadines, and AvianEyes Birding Group, St. Vincent and the Grenadines. [Online report accessed 27 June 2012] http://globalcoral.org/Ashton-Lagoon-Workshop-Report-FINAL.pdf

Soulé, M.E. and J. Terbourgh (1999). The policy and science of regional conservation. In: M.E. Soulé and J. Terbourgh (eds.). *Continental Conservation: Scientific Foundations of Regional Reserve Networks.* Island Press, Washington DC. pp. 1–17.

SPVS (2004). *Biodiversity Conservation and Environmental Restoration as a Strategy to Reduce Global Warming.* Project and Technical Managers and Communication Advisory, SPVS [Society for Wildlife Research and Environmental Education], Brazil. [Online report accessed 27 June 2012] www.spvs.org.br/download/folder_carbon_eng.pdf

Stevens, M. with H.K. Ahmed (2011). Eco-cultural restoration of the Mesopotamian Marshes, Southern Iraq. In: D. Egan, E.E. Hjerpe and J. Abrams (eds.). *Human Dimensions of Ecological Restoration: Integrating Science, Nature, and Culture.* Island Press, Washington DC.

St Helena National Trust (Undated). *Saint Helena: Protecting the World Heritage of a Small Island.* The St. Helena National Trust Strategic Vision. St. Helena National Trust, Jamestown. [Online report accessed Nune 27 2012] http://www.ukotcf.org/pdf/Reports/StHelenaNationalTrustVision.pdf

Stobart, B., Warwick, R., Gonzalez, C., Mallol, S., Diaz, D., Renones, O. and Goni, R. (2009). 'Long-term and spillover effects of a marine protected area on an exploited fish community'. *Marine Ecology Progress Series* **384**: 47–60.

Stolton, S., N. Dudley and J. Randall (2008). *Natural Security: Protected Areas and Hazard Mitigation.* WWF, Gland, Switzerland.

Stolton, S. and N. Dudley (eds.) (2010). *Arguments for Protected Areas: Multiple Benefits for Conservation and Use.* Earthscan, London.

Stuip, M.A.M., C. J. Baker and W. Oosterberg (2002). *The Socio-economics of Wetlands.* Wetlands International and RIZA, Wageningen, The Netherlands.

Suding, K.N., K.L. Gross and G.R. Houseman (2004). 'Alternative states and positive feedbacks in restoration ecology'. *Trends in Ecology and Evolution* **19** (1): 46–53.

Tanneberger, F. (2010). Restoring peatlands and applying concepts for sustainable management in Belarus: climate change mitigation with economic and biodiversity benefits. In C. Cowan, C. Epple, H. Korn, R. Schliep and J. Stadler (eds.). *Working with Nature to Tackle Climate* Change. Skripten 264, BFN, Germany. pp. 36-38. [Online report accessed 27 June 2012] http://encanet.eu/home/uploads/media/Skript264.pdf

Taylor, R. and I. Smith (1997). *The State of New Zeland's Environment 1997.* Ministry of the Environment, Wellington, New Zealand.

ten Brink, P (ed) (2011). *The Economics of Ecosystems and Biodiversity in National and International Policy Making.* An output of TEEB: The Economics of Ecosystems and Biodiversity. Earthscan, London.

Terborgh, J. (1992). *Diversity and the Tropical Rain Forest.* Scientific American Library, New York.

Thorpe, A.S. and A.G. Stanley (2011). 'Determining appropriate goals for restoration of imperilled communities and species'. *Journal of Applied Ecology* **48**: 275–279.

Treat, S.F. and R.R. Lewis (eds.) (2003). *Seagrass Restoration: Success, Failure and the Costs of Both*. Selected papers presented at a workshop in Sarasota Florida, 11-12 March, 2003. Lewis Environmental Services, Valrico, Florida. [Online report accessed 27 June 2012] www.seagrassrestorationnow.com/docs/Lewis%20et%20al%202006%20Port%20Manatee%20SG-5.pdf

Troya, R. and R. Curtis (1998). *Water: Together We Can Care for It!* Case Study of a Watershed Conservation Fund for Quito, Ecuador. The Nature Conservancy, Arlington VA, USA.

UN (2011). *Managing Change in the Marshlands: Iraq's Critical Challenge.* United Nations White Paper. Report of the United Nations Integrated Water Task Force for Iraq. United Nations.

UNEP (2005). *World Status of Desertification, Global Resource Information Database.* Division of Early Warning and Assessment, UNEP, Nairobi, Kenya.

UNEP (2009). *Support for Environmental Management of the Iraqi Marshlands: 2004–2009.* UNEP, Nairobi, Kenya.

UNEP-WCMC (2008). *State of the World's Protected Areas: An Annual Review of Global Conservation Progress.* UNEP-WCMC, Cambridge, UK.

US Fish and Wildlife Service (1987). *Northern Rocky Mountain Wolf Recovery Plan.* US Fish and Wildlife Service, Rockville, Maryland.

Uusimaa Regional Environment Centre (2007). *Monitoring.* Ministry of the Environment, Finland. [Website accessed 27 June 2012] http://www.environment.fi/default.asp?node=21656&lan=EN

Uusimaa Regional Environment Centre and Southeast Finland Regional Environment Centre (2008). *Lintulahdet Life: Management of Wetlands along the Gulf of Finland Migratory Flyway 2003–2007 – Final Report.* Uusimaa Regional Environment Centre, Helsinki and Southeast Finland Regional Environment Centre, Kouvola.

Vallauri, D. (2010). Personal communication, 26 November, 2010, WWF, France.

Vallauri, D. (2005). Restoring forests after violent storms. In: S. Mansourian, D. Vallauri and N. Dudley (eds.). *Forest Restoration in Landscapes: Beyond Planting Trees.* Springer, New York. pp. 339–344.

van der Vyver, M.L. (2011). *Restoring the Biodiversity of Canopy Species within Degraded Spekboom Thicket.* M.Sc. Thesis, Faculty of Science, Nelson Mandela Metropolitan University, South Africa. [Online thesis accessed 27 June 2012] www.nmmu.ac.za/documents/theses/MvdV_MSc_Thesis.pdf

Varnham, K.J., S.S. Roy, A. Seymore, J.R. Mauremootoo, C.G. Jones and S. Harris (2002). Eradicating Indian musk shrews (*Suncus murinus*, Soricidae) from Mauritian offshore islands. In: C.R. Veitch and M.N. Clout (eds.). *Turning the tide: The Eradication of Invasive Species.* IUCN SSC Invasive Species Specialist Group, IUCN, Gland, Switzerland and Cambridge, UK. pp. 342–349. [Online report accessed 27 June 2012] http://www.issg.org/pdf/publications/turning_the_tide.pdf

Vaz, J. (Undated). *The Kinabatangan Floodplain: An Introduction.* WWF Malaysia and Ministry of Tourism and Environment, Sabah.

Vermeulen, J. and T. Whitten (1999). *Biodiversity and Cultural Property in the Management of Limestone Resources: Lessons from East Asia.* World Bank, Washington DC.

Verschuuren, B., R.G. Wild, J.A. McNeely, and G. Oviedo (2010). *Sacred Natural Sites: Conserving Nature and Culture.* Earthscan, London. [Online report accessed 27 June 2012] http://www.iucn.org/about/union/commissions/ceesp/ceesp_publications/?6649/Sacred-Natural-Sites-Conserving-Nature-and-Culture

von Ruschkowski, E. and M. Mayer (2011). 'From conflict to partnership? Interactions between protected areas, local communities and operators of tourism enterprises in two german national park regions'. *Journal of Tourism and Leisure Studies* 17: 147–181.

Wagner. J. (2012). Personal communication, 2012, US National Park Service, Water Resources Division.

Wagner, J., A. Demetry, D. Cooper, E. Wolf (2007). Pilot wet meadow restoration underway at Halstead Meadow, Sequoia National Park. In: *National Park Service, Water Resources Division, 2007 Annual Report*, Natural Resource Report NPS/NRWRD/NRR-08/01, Fort Collins, CO, USA.

Walden, C. (ed.) (Undated). *The Mountain Pine Ridge Forest Reserve, Belize: Carbon Sequestration and Forest Restoration.* Case study from the Forest Securities Report, Forest Securities Inc. [Online report accessed 28 June 2012] http://www.unep-wcmc.org/medialibrary/2011/03/14/cfcd2197/Belize%20highres.pdf

Walker, B., C. S. Holling, S. R. Carpenter, and A. Kinzig (2004). 'Resilience, adaptability and transformability in social–ecological systems'. *Ecology and Society* 9(2): 5. [Online article accessed 28 June 2012] http://www.ecologyandsociety.org/vol9/iss2/art5

Walker, I. (2010 and 2011). Personal communications, 15 November, 2010 and 25 September, 2011, Parks Victoria, Australia.

Wall, L., Walters, L., Grizzle, R., and P. Sacks (2005). 'Recreational boating activity and its impact on the recruitment and survival of the oyster *Crassostrea virginica* on intertidal reefs in Mosquito Lagoon, Florida'. *Journal of Shellfish Research.* **24**: 965–973.

Walters, L. (2012). Personal communication with Anne Birch, 2012, The Nature Conservancy, USA.

Watson, J. (2010). Personal communication, 10 November, 2010, Western Australia Department of Environmental Conservation, Representing WCPA Oceania.

Watson, J., E. Hamilton-Smith, D. Gillieson and K. Kiernan (eds.) (1997). *Guidelines for Cave and Karst Protection.* WCPA Working Group on Cave and Karst Protection, IUCN, Gland, Switzerland and Cambridge, UK.

Waycott, M., C.M. Duarte, T.J.B. Carruthers, et al. (2009). 'Accelerating loss of seagrasses across the globe threatens coastal ecosystems'. *Proceedings of the National Academy of Sciences* **106** (30): 12377–12381.

Wein, L. (2011), Personal communication, 20 October, 2011, Parks Canada.

Westhaver, A. (2008). Personal communication, 2 February, 2008, Jasper National Park, Parks Canada.

Wetlands International (2007). *Central Kalimantan Peat Project.* [Online factsheet accessed 28 June 2012] http://www.ckpp.org/LinkClick.aspx?link=CKPP+products%2Ffact_CKPP_english_press.pdf&tabid=902&mid=5834&language=en-US

Whisenant, S.G. (1999). *Repairing Damaged Wildlands: A Process-Oriented, Landscape-Scale Approach.* Cambridge University Press, Cambridge, UK.

White, C.A. and W. Fisher (2007). Ecological restoration in the Canadian Rocky Mountains: developing and implementing the 1997 Banff National Park Management Plan. In: Price, M. (ed.) *Mountain Area Research and Management.* Earthscan, London. pp. 217–242.

White, P.S. and J.L. Walker (1997). 'Approximating nature's variation: using reference information in restoration ecology'. *Restoration Ecology* **5** (4): 338–349.

Wild, R.G. and C. McLeod (eds.) (2008) *Sacred Natural Sites: Guidelines for Protected Area Managers*. IUCN-UNESCO. IUCN Best Practice Guidelines 16. IUCN, Gland, Switzerland. [Online report accessed 28 June 2012] http://www.iucn. org/about/union/commissions/wcpa/wcpa_puball/wcpa_ bpg/?10060/Sacred-Natural-Sites---Guidelines-for-Protected- Area-Managers

Woodley, S. (2010). Ecological integrity: a framework for ecosystem-based management. In: D. Cole and L.Yung (eds.). *Beyond Naturalness:Rethinking Park and Wilderness Stewardship in an Era of Rapid Change.* Island Press, Washington DC. pp. 106–124.

Worboys, G. L., W. L. Francis and M. Lockwood, (eds.) (2010a). *Connectivity Conservation Management: A Global Guide.* Earthscan, London.

Worboys, G.L., P. Figgis, I. Walker, I. Pulsford, G. Howling and G. Reynolds (2010b). *Linking Landscapes: A Collaboration to Connect Nature and People.* Report prepared for the Linking Landscapes Collaboration, November 2010, Australia.

Worboys, G.L., R.B. Good and A. Spate (2010c). *Caring For Our Australian Alps Catchments: A Climate Change Action Strategy for the Australian Alps to Conserve the Natural Condition of the Catchments and to Help Minimize Threats to High Quality Water Yields.* Australian Alps Liaison Committee, Department of Climate Change, Canberra.

World Bank (2011). *Global Tiger Recovery Program.* Global Tiger Initiative Secretariat, World Bank, Washington DC.

World Pheasant Association and IUCN/SSC Re-introduction Specialist Group (2009). *Guidelines for the Re-introduction of Galliformes for Conservation Purposes.* IUCN, Gland, Switzerland and World Pheasant Association, Newcastle- upon-Tyne, UK.

WWF (Undated). *Management Transfers: Building Capacities of Grassroots Communities.* [Website accessed 28 June 2012] http://wwf.panda.org/what_we_do/where_we_work/ project/projects_in_depth/conservation_program2/sites/ fandriana/problems_and_solutions/management_transfers/

WWF (2009). *Mitigating Climate Change through Peat Restoration in Central Kalimantan.* WWF-Indonesia Climate & Energy Program, WWF, Jakarta, Indonesia. [Online brochure accessed 28 June 2012] http://awsassets.wwf.or.id/ downloads/wwf_id_mitigasisebangau_v3screen.pdf

Zahawi, R.A. (2005). 'Establishment and growth of living fence species: an overlooked tool for the restoration of degraded areas in the tropics'. *Restoration Ecology* **13**(1): 92–102.

参考书目（更多阅读）

AAZV (2006). *Guidelines for Euthanasia of Nondomestic Animals.* American Association of Zoo Veterinarians, Yulee, Florida.

Acreman, M.C., J. Fisher, C.J. Stratford, D.J. Mould and J.O. Mountford (2007). 'Hydrological science and wetland restoration: some case studies from Europe'. *Hydrology and Earth System Sciences* **11**(1): 158–169. [Online article accessed 28 June 2012] http://hal.inria.fr/docs/00/30/56/02/PDF/hess-11-158-2007.pdf

Allen, C.R., J.J. Fontaine, K.L. Pope and A.S. Garmestani (2011). 'Adaptive management for a turbulent future'. *Journal of Environmental Management* **92**: 1339–1345. [Online article accessed 28 June 2012] http://digitalcommons.unl.edu/cgi/viewcontent.cgi?article=1079&context=ncfwrustaff

Anderson, M.K. and M.G. Barbour (2003). 'Simulated indigenous management: a new model for ecological restoration in national parks'. *Ecological Restoration* **21**: 269–277. [Online article accessed 28 June 2012] http://www.nafri.gov/courseinfo/rx510/2011_pages/LP_HO/Unit%20II/II-E-Lake/HO6-II-E_AndersonBarbour2003.pdf

AVMA (2007). *Guidelines on Euthanasia.* American Veterinary Medical Association, Schaumberg, Illinois. [Online report accessed 28 June 2012] http://www.avma.org/issues/animal_welfare/euthanasia.pdf

Baker, W.L. (1994). 'Restoration of landscape structure altered by fire suppression'. *Conservation Biology* **8** (3): 763–769.

Beyer, G and R. Goldingay (2006). 'The value of nest boxes in the research and management of Australian hollow-using arboreal marsupials'. *Wildlife Research* **33**: 161–174.

Borrini-Feyerabend, G., A. Kothari and G. Oviedo (2004). *Indigenous and Local Communities and Protected Areas: Towards Equity and Enhanced Conservation.* IUCN, Gland, Switzerland.

Brandon, K. (2005). Addressing trade-offs in forest landscape restoration. In: S. Mansourian, D. Vallauri and N. Dudley (eds.) *Forest Restoration in Landscapes: Beyond Planting Trees.* Springer, New York. pp. 59–62.

Brunson, M.W. and J. Evans (2005). 'Badly burned? Effects of an escaped prescribed burn on social acceptability of wildland fuels treatments'. *Journal of Forestry* **103**: 134–138.

Bucklet, M.C. and E.E. Crone (2008). 'Negative off-site impacts of ecological restoration: understanding and addressing the conflict'. *Conservation Biology* **22**: 1118–1124. [Online article accessed 28 June 2012] http://onlinelibrary.wiley.com/doi/10.1111/j.1523-1739.2008.01027.x/pdf

Cunningham, A.A. (1996). 'Disease risks in wildlife translocations'. *Conservation Biology* **10** (2): 349–353.

D'Antonio, C. and L.A. Meyerson (2002). 'Exotic plant species as problems and solutions in ecological restoration: a synthesis'. *Restoration Ecology* **10** (4): 703–713.

DellaSala, D.A., A. Martin, R. Spivak, T. Schulke, B. Bird, M. Criley, C. Van Daalen, J. Kreilick, R. Brown and G. Aplet (2003). 'A citizen's call for ecological forest restoration: forest restoration principles and criteria'. *Ecological Restoration* **21**(1): 14–23.

Dixon, K. (2009). 'Pollination and restoration' *Science* **325**: 571–573.

Edwards, A.J. and E.D. Gomez (2007). *Reef Restoration Concepts and Guidelines: Making Sensible Management Choices in the Face of Uncertainty.* The Coral Reef Targeted Research and Capacity Building for Management (CRTR) Program. Coral Reef Targeted Research & Capacity Building for Management Program: St Lucia, Australia. iv + 38 pp.

Elliott, S., P. Navakitbumrung, C. Kuarak, S. Zangkum, V. Anusarnsunthorn and D. Blakesley (2003). 'Selecting framework tree species for restoring seasonally dry tropical forests in northern Thailand based on field performances'. *Forest Ecology and Management* **184**: 177–191.

Ellison, A.M., M.S. Bank, B.D. Clinton, E.A. Colburn, K. Elliott, C.R. Ford, D.R. Foster, B.D. Kloeppel, J.D. Knoepp, G.M. Lovett, J. Mohan, D.A. Orwig, N.L. Rodenhouse, W.V. Sobczak, K.A. Stinson, J.K. Stone, C.M. Swan, J.T. Betsy, V. Holle and J.R. Webster (2005). 'Loss of foundation species: consequences for the structure and dynamics of forested ecosystems'. *Frontiers in Ecology and the Environment* **3**: 479–86.

Harris, J.A., R.J. Hobbs, E. Higgs and J. Aronson (2006). 'Ecological restoration and global climate change'. *Restoration Ecology* **14** (2): 170–176.

Hulme, P.E., S. Bacher, M. Kenis, S. Klotz, I. Kühn, D. Minchin, W. Nentwig, S. Olenin, V. Panov, J. Pergi, P. Pyšek, A. Roques, D. Sol, W. Solarz and M. Vilà (2008). 'Grasping at the routes of biological invasions: a framework for integrating pathways into policy'. *Journal of Applied Ecology* **2008**: 403–414.

Jackson, S.T., and R.J. Hobbs (2009). 'Ecological restoration in the light of ecological history'. *Science* **325**: 567–569.

Morrison, J., J. Sayer and C. Loucks (2005). Restoration as a strategy to contribute to ecoregional visions. In: S. Mansourian, D. Vallauri and N. Dudley (eds.) *Forest Restoration in Landscapes: Beyond Planting Trees*. Springer, New York. pp. 41–50.

Secretariat of the Convention on Biological Diversity (2011). *Contribution of Ecosystem Restoration to the Objectives of the CBD and a Healthy Planet for All People.* Abstracts of posters presented at the 15th Meeting of the Subsidiary Body on Scientific, Technical and Technological Advice of the Convention on Biological Diversity, 7-11 November 2011, Montreal, Canada. Technical Series No. 62. Montreal. http://www.cbd.int/doc/publications/cbd-ts-62-en.pdf

Thompson, I., B. Mackey, S. McNulty and A. Mosseler (2009). *Forest Resilience, Biodiversity, and Climate Change: A Synthesis of the Biodiversity/Resilience/Stability Relationship in Forest Ecosystems.* CBD Technical Series no. 43, Secretariat of the Convention on Biological Diversity, Montreal.

Wilkinson, S.R., M.A. Naeth and F.K.A. Schmiegelow (2005). 'Tropical forest restoration within Galapagos National Park: application of a state-transition model'. Ecology and Society **10** (1): 28. [Online article accessed 28 June 2012] http://www.ecologyandsociety.org/vol10/iss1/art28/

Zaveleta, E.S., R.J. Hobbs and H.A. Mooney (2001). 'Viewing invasive species removal in a whole-ecosystem context'. *Trends in Ecology and Evolution* **16** (8): 454–459.

术 语 释 义

非生物： 环境中非生命的化学和物理因素。

适应性管理： 一种迭代的管理方法，鼓励学习（如通过假设检验），并根据新的研究、监测数据或其他新信息，定期审查，以及对管理目标和过程进行必要调整。

适应： 为缓解、应对和（或）利用气候事件的后果而采取的策略和经历的过程。

气候变化： 自 19 世纪中叶以来，大气中二氧化碳和其他温室气体（如甲烷、一氧化二氮）浓度增加导致的温度和降水模式的全球性变化。

连通性保护： 连通性保护是指为保护自然和半自然区域的景观连通性、栖息地连通性、生态连通性或进化过程连通性而采取的行动，这些自然和半自然区域相互连接并嵌入已建立的自然保护地。连通性保护强调需要超越孤立的保护地，以一种"整体景观"的视角，对不同使用权和管辖权下的许多土地进行综合考虑，从而促成一种综合的保护方法。

退化： 由于频繁或严重的干扰，生态系统无法在相关或"合理"时间内自然恢复，从而造成生态系统的简化或破坏以及生物多样性的丧失。退化可能由多种因素引起，包括气候扰动、极端事件及人类活动，通常会减少生态系统产品和服务。

生态完整性： 指"……一种状况……具有自然区域的特征并可能持续存在，包括非生物组分、本土物种及生物群落的组成及丰度、变化率及支持过程"（Canada National Parks Act，2000）。

生态修复： 协助已退化、受损或破坏的生态系统恢复的过程（SER，2004）。

生态轨迹： 描述了一个生态系统中生物和非生物生态属性随时间推移的预期发展路径。在生态修复中，这个轨迹应该从未修复的生态系统开始，并朝着修复目标所描述的期望的修复状态发展，这些目标通常是根据历史或参照生态系统而确定的。历史或未来的生态轨迹可以通过生态模型来预测（SER，2004）。

生态系统： 在同一区域或环境中生活、捕食、繁殖和相互作用的植物、动物和小型生物群落所形成的整体。生态系统没有固定的边界，一个湖泊、一片流域或整个区域都可以被视为一个生态系统[1]。

① http://www.iucn.org/what/tpas/biodiversity/about/bio_glossary/

生态系统服务： 生态系统产生的能够维持和满足人类生活的自然产品与过程。千年生态系统评估（MEA，2005）明确了4类生态系统服务，即供给、调节、支持和文化功能。例如，清洁水供给、洪水调节、水土保持、侵蚀控制、气候调节（碳汇）、作物授粉，以及满足娱乐、智力和精神需求的文化功能。

碎片化： 因经济生产或基础建设（如修路）而改变的土地，将原本连续的自然区域分割成相互隔离的较小的自然单元。

过度繁殖种群： 数量明显超过生态系统自然波动范围的上限，并且对生态完整性产生明显影响的种群（Parks Canada and the Canadian Parks Council，2008）。

外来入侵物种： 被引入自然正常分布范围之外的物种。它的进入和传播会改变生态系统、栖息地或物种[①]。

陆地景观： 由自然生态系统、生产系统和社会经济用途空间所组成并相互作用形成的镶嵌式陆地区域（Rietbergen-McCracken et al.，2007）。

自然： 本书中的自然意指在基因、物种和生态系统层面的生物多样性，通常也指地理多样性、地貌和更宽泛的自然价值。

伙伴关系： 组织或个人与保护地或保护地组织之间的正式合作工作关系，他们以互惠互利为基础，并设定共同的目标。

扰动： 由外部或内部机制引起的生物系统功能的改变。

植物修复： 直接利用活的绿色植物对土壤、污泥、沉积物、地表水和地下水中的污染物就地去除、降解或封存[②]。

自然保护地： 一个明确界定的地理空间，通过法律或其他有效方式获得认可、得到承诺和进行管理，以期实现对自然及其所拥有的生态系统服务和文化价值的长期保护（Dudley，2008）。

开垦： 将土地修复到其原有状态或用于其他生产性用途的过程（Parks Canada and the Canadian Parks Council，2008）。

参照生态系统： 一个现有或假设的类似生态系统，其明确了生态修复项目实施后某一陆域或水域未来的理想状态。它可以作为修复工作规划和成效评估的一个模型。人们期望修复后的生态系统最终能与参照生态系统的属性相仿，并根据这一期望制定项目目标和策略（SER，2004）。

避难所： 那些躲过了生态变化影响的区域，这些区域为遗存物种提供了适宜栖息地。

[①] http://www.iucn.org/what/tpas/biodiversity/about/bio_glossary/

[②] http://www.unep.or.jp/ietc/publications/Freshwater/FMS2/1.asp

恢复: 从广义上是指生态系统功能的改善，但不一定要恢复到"受干扰前"的状态。通常强调恢复生态系统的过程和功能，从而增加为人类提供的生态系统产品和服务（SER，2004）。

整治: 清除、减少或中和场地污染物的过程，以防止或尽量减少当前或将来对环境的任何不利影响（Parks Canada and the Canadian Parks Council，2008）。

弹性: 生态系统在经历变化时吸收干扰并自我重组的能力，从而仍然保持其基本相同的功能、结构和反馈能力。换句话说，就是生态系统为了保持其原有特性的应变能力（Walker *et al.*，2004）。

利益相关方: 任何直接或间接地受某一资源相关行动的影响或对其感兴趣的个人或团体。

传统生态知识（TEK）: 土著和当地社区的知识、创新和实践，这些是基于长期经验获得的，并与当地文化和环境相适应[1]。

营养级联: 一种由增加或减少顶级捕食者而引起的生态现象，涉及捕食者和被捕食者的相对种群通过食物链发生的相互变化。通常会导致生态系统结构和营养循环的剧烈变化[2]。

---

[1] http://www.ser.org/iprn/tek.asp
[2] http://www.britannica.com/EBchecked/topic/1669736/trophic-cascade

附录　最佳实践索引

最佳实践为管理人员和其他直接参与实施保护区修复的人员提供了如何在实践中应用原则和准则的指导。